フィールドの生物学—①

熱帯アジア動物記

フィールド野生動物学入門

松林尚志 著

東海大学出版会

Discoveries in Field Work No.1
The Wildlife of Tropical Asia
-Introduction to Field Wildlife Biology

Hisashi MATSUBAYASHI
Tokai University Press, 2009
Printed in Japan
ISBN978-4-486-01840-7

はじめに

朝霧の中、小型ボートが大きく蛇行した川を勢いよく遡って行く。露を含んだ冷気が顔をたたき、眠気が一気に吹き飛んだ。周囲からは活動を始めた動物たちのにぎやかな声が聞こえてくる。突然霧が晴れ、サイチョウの群れがゆっくりと頭上を横切って行くのが見えた。そしてボートは再び霧の中へと突入した。ここはボルネオ島北部のマレーシア領サバ州、州最長河川のキナバタンガン川上流域。私はこの川沿いに広がる熱帯雨林で、野生哺乳類の生態を調べている。

本書は、私の調査経験を通じての、熱帯アジアをフィールドとした野生動物学入門である。第一章では、東南アジア熱帯雨林の代表的な動植物とその関係について取り上げる。第二、第三章では、私のメインフィールドであるボルネオ島のマレーシア領サバ州において、学生の頃に行った〝マメジカの生態〟に関する調査、学位を取得してから今も継続している〝哺乳類による塩場利用〟に関する調査について、どんなきっかけで、どのようにして調べ、何が分かったのか、その結論に至るまでを紹介したい。そして第四章では、東南アジア熱帯雨林とそこに生息する野生動物の現状について、マレーシアにとどまらず、その周辺国のフィリピンやインドネシアにも目を向ける。

次の図は、日本と東南アジアの位置関係、そして本書で紹介する調査地等を示したものである。東南アジア、とくに島嶼（とうしょ）部を中心に話を進めるが、聞きなれない地名が多くでてくるので、参考にしてもらえたらと思う。

私は一九九七年以来、一年の半分以上をマレーシアの熱帯雨林ですごすという生活を続けている。大学院博士過程からのはじめての海外フィールド調査は、調査地や共同研究者を探すことから始まった。調査は一進一退、一喜一憂を繰り返す日々で、試行錯誤の連続だった。それでも森の中では、毎日何かしらの発見があり楽しくてたまらなかった。また、そこでの生活は、野生動物だけでなく多くの人々との出会いの場でもあった。熱帯アジアというフィールドでのさまざまな経験は、新しい価値観を見出すきっかけにもなり、悔いのない学生時代を送ることができた。そのため本書では、野生動物の話に加えて、フィールド調査の苦労や楽しさを知ってもらえるよう、さまざまな体験談を盛り込んである。

若い頃は未知の世界に飛び込める勇気があり、さまざまな環境への適応能力も高い。そして、その頃だからこそできる長期の海外調査。高校生や大学の学部生といった可能性に満ちた若い人たちに、遠いようで近い熱帯アジアの森とそこに生きる野生動物の現状、そしてフィールド調査の魅力を少しでも伝えることができれば幸いである。

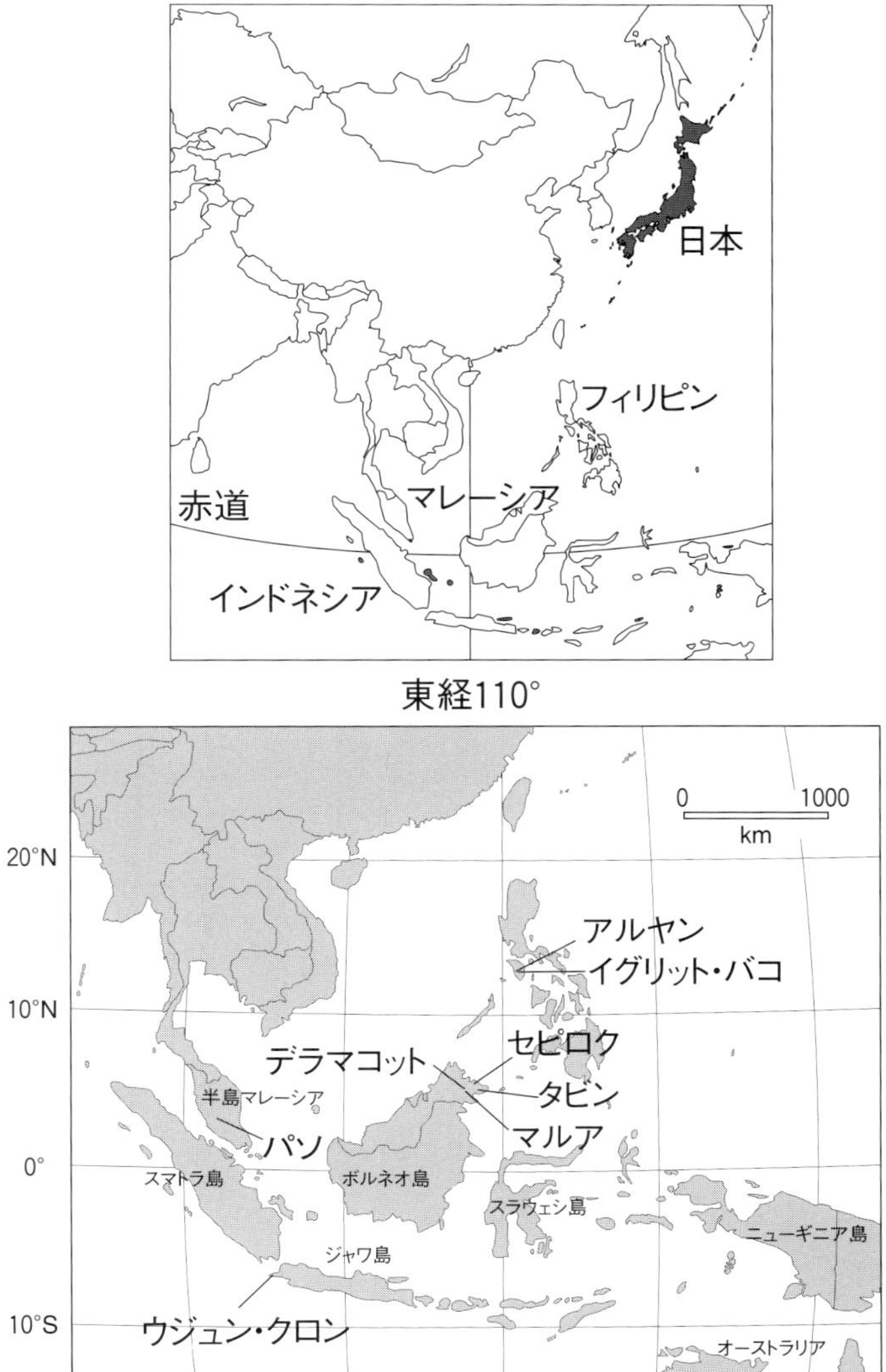

図　東南アジアと本書で紹介する地域

目次

第2章　マメジカの生態に迫る　39

第1章
熱帯アジアの森へ

熱帯アジアへの憧れ

紆余曲折を経て

私は東北の田舎町に育った。小さい頃から動物が大好きで、日々色々な生きものを捕まえては飼育し行動観察するのを楽しみにするような、当時はどこにでもいる子どもだった。熱帯雨林に興味をもったのは、小学生の頃である。ボルネオ島やニューギニア島へ南洋材の買い付けに行っていた伯父が、先住民や色鮮やかな動植物がモデルになった切手を貼った葉書を送ってくれ、土産話に現地の動物の話をしてくれた。それは私にとって強烈な印象を与え、まだ見ぬ世界へ憧れるきっかけとなった。中高生の頃は、『アニマ』(平凡社)という動物雑誌を愛読した。中南米やアフリカをはじめ世界中をフィールドとした研究者の話題が紹介された特集「冒険と生物学」(一九八六)は、お気に入りの一冊で、何度も繰り返し読んでは、「熱帯雨林で野生動物の生態を調べる」ということに強い憧れを抱くようになった。しかし、平凡な田舎の学生にすぎない私にとって、現実的には遠い世界のことで、実現させる方法も分からなかった。

その後、分子生物学にも興味をもち、学部の東京農業大学農学部では家禽の血縁解析、大学院修士課程の東京工業大学生命理工学研究科ではクジラの系統解析にとりくみ、朝から晩まで実験室にこもる生活をおくっていた。そんな中、修士課程二年の夏と秋の二ヶ月間、宮城県の鮎川で沿岸小型捕鯨の生物調査員のアルバイトをする機会に恵まれた。*(1) その間、クジラの解体場近くの民宿に滞在して二隻の捕鯨船からの連絡を待ち、クジラが捕れたら解体場で解体夫（地元のおじさん達）に交じりながら作業するという日々をすごした。まったく捕れない日もあれば、忙しい日は一度に一二頭も水揚げされ、徹夜で作業することもあった。作業を終えると必ずその日水揚げされたクジラの刺身をつまみながら小さな飲み会が開かる。現場の第一線で活躍するおじさん達の経験談は、生き生きしていてとても魅力的だった。そのような生活をおくるうちに、自分は実験室よりも野外での作業の方が向いているのではないかと感じるようになった。その後、千葉県立中央博物館の落合啓二さんや森林総合研究所の奥村栄朗さんのシカやカモシカの生態調査に同行させてもらっていくうちに、フィールド調査の魅力にとりつかれていった。

それまでの私は、どちらかといえば与えられた研究テーマをこなしていく無難な学生の一人だった。しかし、自分がおもしろいと思えるような、学生だからできるような研究をしたいと思うようになった。そして、子どもの頃に抱いていた憧れが再燃し、大学院博士課程から思い切って飛び込んだのが「熱帯雨林の野生哺乳類の世界」だったのである。遅いスタートで周りからはあきれられたが、当時東京工業大学（現 京都大学野生動物研究センター）の幸島司郎先生は「おもろそやな」と身を乗り出して話を聞いてくれ、無謀な学生を受け入れてくれた。

＊（1） 一九八八年に日本近海でのミンククジラ漁が、国際捕鯨委員会（ＩＷＣ）により禁止され日本は、ツチクジラとゴンドウクジラ類（コビレゴンドウやハナゴンドウなど）などを捕獲するようになった。年間の捕獲枠が定められ、（日本小型捕鯨協会 http://homepage2.nifty.com/jstwa/）、捕獲個体については、生物調査員が、体計測や各種試料（肝臓、筋肉、生殖腺など）の採取を行って水産庁へ送ることが義務づけられている。

熱帯アジア

熱帯雨林とは、一年中温暖で十分雨が降る熱帯域に成立する森のことで、おもに三つの陸域に分布している。もっとも面積の広いのが、中南米で約四〇〇万平方キロメートル、続いて熱帯アジア（東南アジア）で約二五〇万平方キロメートル、そして最後が中央アフリカで約一八〇万平方キロメートルである。熱帯雨林は、陸地面積の五パーセントほどを占めるにすぎないが、地球上の生物の約半数が分布すると推定され、生物の多様性の宝庫と言われている。哺乳類の生態研究の分野では、中南米にはアメリカ、中央アフリカにはヨーロッパの研究者が多く入っているが、東南アジアは少なく、他の熱帯域に比べて情報量が圧倒的に少ない。生態が未知の野生動物が多く生息する東南アジアの森を想像すると、当時の私は不安よりも期待感でワクワクしたのをおぼえている。

コラム　生物の分類体系と絶滅危惧種

これまでに記載された世界中の生きものの種数は、およそ一七五万種ともいわれている。この膨大な数の生きものは、分類学のルールによって整理される。大きなカテゴリーから、界（Kingdom）、門（Division）、綱（Class）、目（Order）、科（Family）、属（Genus）、種（Species）、亜種（Subspecies）という順に分類されている。アジアゾウを例にとると、動物界（Animal kingdom）、脊椎動物門（Chordata）、哺乳類綱（Mammalia）、長鼻目（Proboscidea）、ゾウ科（Elephantidae）、アジアゾウ属（Elephas）となり、学名は、*Elephas maximus*（Linnaeus, 1758）として表記される。属名の後の*maximus*は種小名（種名）、Linnaeusは命名者、1758は命名年である（ただし、命名者と命名年は省略されることがある）。また、地域によって形態や遺伝的な違いが認められる場合は、亜種に分類される。たとえばスマトラ島に生息するアジアゾウは、*Elephas maximus sumatranus*と表記され、スマトラゾウともよばれている。学名を書くときは、イタリック体か学名に下線を引くことも決まりである。

以上のように分類された種において、絶滅の危機に瀕している種を絶滅危惧種とよぶ。国際自然保護連合（International Union for Conservation of Nature and Natural Resources, IUCN）は、レッドリストという種の位置づけリストを作成している（http://www.iucnredlist.org/）。国内では、環境省がＩＵＣＮにならってレッドデータブックを作成している。これらにおいて絶滅する恐れの高い順に、ごく近い将来における野生での絶滅の危険性がきわめて高い種（一〇年または三世代以内の絶滅確率が五〇パーセント以上の種）を「絶滅危惧ⅠＡ類（Critically Endangered, CR）」、ⅠＡ類ほどではないが近い将来における野生での絶滅の危険性が高い種（二〇年または一〇世代以内の絶滅確率が二〇パーセント以上の種）を「絶滅危惧ⅠＢ類（Endangered, EN）」、続いて、絶滅の危機が増大している種（一〇〇年以内の絶滅確率が一〇パーセント以上の種）を「絶滅危惧Ⅱ類（Vulnerable, VU）」として区分している。そして、これらをまとめて「絶滅危惧種」とよんでいる（この区分基準は、定性的なもので、定量的にはより細かな規定がある）。また、現時点での危険度は小さいけれども、絶滅危惧になる可能性のある種は、準絶滅危惧（Near Threatened, NT）に区分される。本書で紹介する種の位置づけは、二〇〇八年に発表されたＩＵＣＮのレッドリストにもとづいている。

はじめての熱帯雨林

マレー半島へ

念願の熱帯雨林での野生動物の生態研究に取り組めることになったが、当時所属した研究室は、氷河に棲む昆虫や微生物の研究をおもに行っており、野生哺乳類の生態を扱ったことがなかった。そのため、調査地の選定や関係者とのやりとりをはじめ、自分で道を切り開くことが条件となった。

東南アジア熱帯雨林への道が現実のものとなったのは、一九九七年の博士課程一年の夏であった。草食動物の中でも、大規模な適応放散を遂げたシカやウシなどの反芻動物の進化や生態に興味のあった私は、当時森林総合研究所の三浦慎悟先生（現早稲田大学）から話をうかがい、マレー半島にあるマレーシア・ネグリスンビラ州のパソ森林保護区を調査地として、熱帯雨林に生息する原始的な反芻動物、マメジカを調査対象にしようと考えた。そこで、当時東京大学大学院博士課程に在籍し、パソで小型哺乳類の生態を調べていた安田雅俊さん（現 森林総合研究所）から、熱帯雨林のフィールド調査の心構えなどについてアドバイスをいただきながら準備を進めていった。そして、三浦先生の調査補助とマメジカ生態調査の予備調査をするために、パソ森林保護区に約四ヶ月滞在することにした。

マレーシアの首都クアラルンプールの空港から外に出ると、モワ~とする蒸し暑さが体を包み、熱帯にきたのだと実感する。マレー系、中国系、インド系といったさまざまな人種・言語・音楽が雑然と入り混じり、映画のワンシーンを彷彿させ、これから始まる熱帯アジアでの生活に胸が膨らんだ。

パソ森林保護区は、三方をアブラヤシプランテーションに囲まれた二七〇〇ヘクタールの小さな保護林だが、一九七〇年に国際生物学事業計画（ＩＢＰ）の日本、イギリス、マレーシアの三国共同研究が始まり、それ以降、生態学的な研究が盛んに行われてきた森である。私が訪問した時にも多くの個性的な研究者が滞在していた。はじめての熱帯雨林、はじめての野生動物の生態調査、頼りないフィールドワークの幕開けだったが、憧れの熱帯雨林での調査は、私にとっては毎日が驚きと発見の連続で休む間も惜しんで森に入った。

野生動物との出会い

㈠センザンコウ（Sunda Pangolin, *Manis javanica*）

調査を始めたばかりのころ、早朝の森で鱗におおわれた変な動物に遭遇した。センザンコウである（図1・1）。向こうはこちらに気づいておらず、ノソノソと私の方に近づいてくる。私は、身動き一つせず息をのんで観察した。するとその個体は、私の真横の朽ちた倒木へ向かい、前肢の発達したツメを使って

図1・1　センザンコウ

朽木を崩しはじめた。どうやらシロアリを探しているようである。写真を数枚撮ると、ようやく私に気づき、決して早くはないが一目散に逃げていった。

センザンコウは、鱗甲目（りんこうもく）センザンコウ科四属八種に分類され（内二種が絶滅危惧種）、アジアとアフリカに各々四種が分布している。アジアのセンザンコウは、インド、中国・台湾、スンダランド由来地域（マレー半島周辺、スマトラ島、ボルネオ島、ジャワ島）、そしてフィリピン諸島の4地域で種が異なり、中国・台湾およびスンダランド由来地域の二種は、絶滅危惧種に指定されている。これは彼らの硬い鱗が、漢方薬として取引されることに起因している。目名が示すように腹側以外は鱗で覆われ、天敵に襲われた際に体を丸めて危険を回避しようとする。シロアリやアリを主食とするため歯は退化・消失しているが、かわりにとても長い舌をもっている。見た目も行動もとても興味深い動物だ。

余談であるが、センザンコウのように細長い頭骨、長い舌、鋭く長い爪をもつ動物がいる。それは南米に生息するアリクイである。両種は食性も類似しており、以前は同じ目に分類されていたこともあるが、現在アリクイは有毛目に分類されている。このように分類学的には離れていても、類似した環境（この場合は食物）に適応したため、結果的に類似した形態になるような現象は、収斂（しゅうれん）進化とよばれている。

はじめて間近で観察したのがこの奇妙な動物だったこともあり、私は熱帯雨林の魅力にどんどん惹かれていった。

(二)マレーバク（*Malay Tapir, Tapirus indicus*）

林床は薄暗く比較的涼しいけれども、湿度が高いので、歩き回るとすぐに汗だくになる。森歩きに慣れてきてからは、林道をはずれて動物の痕跡を探すようになった。方向を変える地点に目印をつけながら、とくに野生動物の水場になりかつ足跡の残りやすい小川沿いを歩き回り、マメジカやヒョウの足跡を見つけては、彼らと同じケモノ道を歩いていることに喜びを感じた。ある日、いつものように小川に沿って歩いていると、見たこともない大きな足跡を見つけた。マレーバクの足跡である（図1・2）。

バクは蹄の数が奇数（片前肢の蹄は四本だが、片後肢の蹄は三本）の奇蹄目バク科バク属四種に分類さ

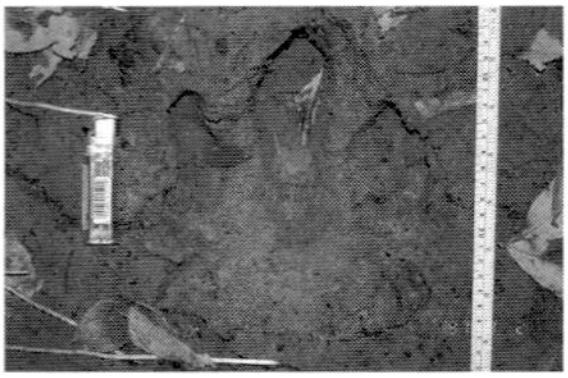

図1・2　マレーバクとその足跡

れ（全種が絶滅危惧種）、東南アジア（マレー半島周辺とスマトラ島）に一種、中南米に三種が分布している。バクは、一般に夜行性で、その長い鼻で木の枝葉を巻き込んで採食するブラウザー（おもに枝葉食い）である。四種の中でもマレーバクの体色は特徴的で、成熟個体の体色は、前後肢と頭部が黒く胴体部分が白い、明瞭な白黒で色分けされており、このような体色パターンは体の形をめだたなくするため捕食者に認識されにくいと考えられている。また、生まれて間もない幼獣は、イノシシのウリボウのような明るい茶色に白い点線模様の体色をしており、林床の木漏れ日のようにも見える。成熟個体は全長二・五メートル、体重三〇〇キログラムにもなり、この大きな体をもつマレーバクが、パソのような面積の小さい森林に、いまだに生息していたことにとても驚いた。

コラム　偶蹄目と奇蹄目

　ウシやシカ、イノシシの仲間は、蹄の数が偶数で分類学的に偶蹄目（Artiodactyla）とよばれる。現生の偶蹄目が一〇科八九属二四〇種と大繁栄しているのに対して、奇蹄目（Perissodactyla）は、ウマ、サイ、そしてバクの三科六属一七種と少ない。偶蹄目の中で、ウシやシカなどのように噛み戻し（反芻）する動物を反芻動物という。彼らの胃は四室に分かれており、第一胃、第二胃、第三胃、および第四胃と呼ばれる。食道を通過して第一胃に入った植物体は、第一胃内に共生する細菌や原生動物などの微生物の働きでセルロース類が発酵・分解される。その際の代謝産物の一つとして、プロピオン酸や酪酸などの揮発性脂肪酸類が生成され、これらは宿主のエネルギー生産に利用される。また、第一胃内に生息する微生物の一部は消化され宿主のタンパク源となる。第二胃はポンプの役割をして第一胃内容物の一部を口腔へと吐き戻し、第三胃は第二胃から送られた食物をさらに細かくする。われわれヒトの胃に相当するのは、第四胃であり、そこで栄養分の多くが吸収される。一方奇蹄目は、胃を通りすぎた腸で発酵・吸収するために消化効率があまり良くない。そのような消化器官の構造と機能の差が、奇蹄目が偶蹄目との競合に敗れて衰退していった要因と考えられている。

　ちなみに、偶蹄目は鯨目（Cetacea）と系統学的に近いことがあきらかになり、現在では鯨偶蹄目（Cetartiodactyla）として扱われることもある。

熱帯雨林の現状を垣間見る

森の中でさまざまな野生動物やその痕跡に出会う一方で、宿舎から森へ向かう途中の道路では、センザンコウをはじめジャコウネコ科のパームシベットやリス科のクリハラリスの交通事故死（ロードキル）も何度か目撃した。ある日、センザンコウのロードキルを見つけ、宿舎に持ち帰って解剖してみたところ、その個体は、まもなく産まれたであろう手のひら大のコドモを一頭妊娠していた。道路網の発達に伴って野生動物の生息地である森が分断化され、ロードキルが増えているのである。パソ森林保護区周辺のロードキルについては安田ほか（二〇〇八）が詳しいので参照されたい。

パソ森林保護区には、数十年前まではトラも生息していたという（吉良、一九八八）。私が訪れた時には、すでに絶滅したと言われていた。また、当時は、カリマンタン（ボルネオ島のインドネシア領を示す）の森林火災がひどく、火災に伴う煙が風に乗って半島マレーシアの方へも流れ、ヘイズ（煙害）として深刻な問題になっていた。マレーシアの首都クアラルンプールでは、多くの人たちがマスクを着用していた。あまりの濃い煙に、航空機事故も起きていたほどである。新しい観測塔から見る熱帯雨林の林冠部は、煙にかすみ、熱帯雨林の混沌としたさまざまな問題を象徴しているかのようだった。

野生動物の宝庫という熱帯雨林のイメージは間違いなかった。しかし、劣化した森林環境とそこに生きる野生動物の悲惨な現状をまのあたりにした。開発によって森林が劣化・縮小し、マレーバクやヒョウのような大型種が小さな森で生活せざるをえないパソ森林保護区の状況は、現在の熱帯雨林の縮図のようであった。当初は、パソでのマメジカの生態調査を考えていた。しかし、パソは町からのアクセスが良く外部からの密猟者が多いため、狩猟対象となるマメジカの調査を続けるのは難しいと思われた。実際、昼間でもショットガンを背負ってバイクで森に入る密猟者に遭遇している。いろいろと悩んだすえ、半島部よりも広大な森林が残り、動物相も豊富なボルネオ島マレーシア領サバ州に、新しい調査地を求めることにした。

コラム　熱帯アジアの季節

意外に思われるかもしれないが、熱帯にも季節がある。地球の自転軸（地軸）は、太陽の公転面に対して傾いた状態を維持しながら、太陽のまわりを公転している。北半球が太陽に傾く日本が夏の時期、北半球の大陸アジア地域はあたためられ大気中の分子が膨張するので、その地域の気圧が低くなる。また、南半球に位置するインド洋上には、常に高気圧が形成されている。そのため南半球の高気圧から、熱帯収束帯[*(2)]や北半球の低気圧へ大気の流れ（南西季節風：インドモンスーン）が生じ、熱帯収束帯における雨の降る地域が北へ押し上げられる形になる。その結果としてこの時期は、赤道から少し離れたインド、タイ、フィリピン北

＊（2）　大気中の分子は、あたためられると膨張し圧力が下がるため低気圧となる。赤道付近は他の地域に比べて常に強い太陽エネルギーにさらされるために、水蒸気が発生し雨雲が発生しやすい。このようにして発生する赤道付近に帯状に広がる低気圧を熱帯収束帯とよぶ。

部などは、降水量が増えて雨季となり、赤道に近いスマトラ島やボルネオ島を含むマレー諸島周辺は、降水量が減少する。

一方、南半球が太陽に傾く日本が冬の時期、とくに大陸アジア地域は、冷やされて大気中の分子は凝集するため高気圧が形成される。すると大気は、両半球の高気圧から熱帯収束帯へ流れ（北西季節風）が生じるため、赤道に近い地域は大量の雨が降り雨季となる。しかし、赤道から少し離れたインド、タイ、フィリピン北部などは、大陸からの高気圧の影響を受けるため雨が少なく非常に乾いた乾季となる。このように熱帯においても季節が生じるため、マレー諸島周辺に成立する森林は熱帯多雨林、大陸部熱帯域に成立する森林は熱帯季節林とよばれている。

熱帯に季節があるといっても、二つしかない。マレーシアの人々は、日本のような「春の桜・夏の深緑・秋の紅葉・冬の雪」という四季に憧れを抱いているようだ。

新天地ボルネオ島へ

新しい調査地を求めて

はじめてボルネオ島の地を踏みしめたのは、博士課程の一年が終わる三月だった。この時期はボルネオ島の雨季が終わる頃のため、あちこち見て回るのには適している。当時所属していた研究室は、氷河に棲む昆虫や微生物の研究をおもに行っており、当然、ボルネオ島とのパイプはない。また、その頃はサバ州で哺乳類の調査をする日本人研究者もいなかった。そこで、ボルネオで研究を行っている異なる分野の研究者に現地の大学の研究者を紹介してほしいとお願いしてはみたものの、博士課程からいきなり熱帯雨林で野生動物の生態調査をしたいという無謀な学生の面倒を見てくれる人はいなかった。結局、自分で探すことにしたのだが、どうしたら良いか分からない。焦る気持ちを抑えながら、旅行者でも入れる森を訪ね、自分の目で森を歩いて確かめた後、そこの責任者と直接交渉することにした。

オランウータンセンターで保護される

一九九八年のサバ州は、一般旅行者が入れる森はまだ少なく、ボルネオ・レインフォレスト・ロッジ（ＢＲＬ）があるダナンバレー、オランウータンリハビリテーションセンターがあるセピロク、そしてキナバル公園ぐらいだった。マメジカが確実に分布している低地熱帯雨林での調査を考えると、ダナンバレーかセピロクという二つの選択肢となる。まず、原生林が残るダナンバレーのＢＲＬへ行くことにした。そこは外国人旅行者向けの高級リゾートで、宿泊費が日本並みに高いのには驚いた。巨木に圧倒されながら森を歩き、マメジカをはじめ動物たちの存在を直接あるいは痕跡から確認することができた。ロッジの責任者に動物の調査ができないか聞いてみたものの、当時ＢＲＬでは調査目的の学生を受け入れていないということで丁重に断られた。しかし、ダナンバレーにはフィールドセンターという研究者用の施設もあるため、そこを訪ねてみてはどうかとアドバイスをもらった。そこで、フィールドセンターを訪れてはみたが、現地研究者のレター（紹介状）が必要だとあっさり断られる。今考えるとあたりまえの対応だが、体当たりする方法しか思いつかなかった当時、「やっぱり無謀だったたか…」と気持ちがくじけそうになった。とりあえず一度コタキナバルまで戻り、その後、東南アジア最高峰のキナバル山があることで知られるキナバル公園で頭を冷やすことにした。林道を歩き回ったが、標高が高すぎ傾斜もきついため、とてもマメジカの調査はできそうにない。キナバルの冷たい霧に包まれながら、五里霧中の状況にへこんだ。そんな不安の中、札幌大学の下川和夫先生に出会った。初対面であるにも関わらず、食事をご馳走になりながら励ましの言葉をいただいたことで、気持ちを切り替えることができた。そしてまずは、調査候補地として残されたセピロクを訪ねてから次の行動を考えることにした。もしあの時、下川先生に出会うことなく一人で悩んでいたら、どのような結果になっていただろうか。人との出会いほど貴重で、不思議なものはないとしみじみ感じる。また、調査開始時に一番救われるのは、不安でいっぱいの気持ちを誰かに聞いてもらうということだろう。フィールド調査では押さえどころがいくつかあるが、もっとも肝心なのはこのような初期の段階なのかもしれない。

セピロクには、野生生物局が管轄するオランウータンリハビリテーションセンター（以下、センター）がある。生息地を追われたオランウータンをはじめとする野生動物の保護施設で、とくにオランウータンの孤児を育てる過程において、森で自立できるようにリハビリプログラムが組まれている。また保護施設であると同時に観光地の一つとしても知られている。キナバル公園から長距離バスを乗り継いで、夕方、森に隣接するセンターに到着した。大きな木々が見え、その向こうに熱帯雨林が広がると思うと不安な気持ちが消え、やはり何が何でもこの熱帯雨林で野生動物の生態調査をしたいという気持ちがわいてきた。

まずはセンターの受付の女性に話しかけ、間合いを見計らって本題に入った。その女性は少し困った表情をしながらも、どこかに電話してくれ、

「明日、Dr. エドウィンが会ってくれるそうです。一〇時にまたここに来なさい。」

と、予想外の回答をもらった。エドウィンさんは、センターの責任者で獣医師だという。門前払いされずに済んだということは、何とかなるかもしれない。私は調子に乗って、受付け前のスペースに泊まれないだろうかと聞いてみたが、笑って断られた。その日は近くのロッジに宿泊し、明日話すことを紙に書き留めてから眠りについた。

翌日、エドウィンさんと面会した。ジョークを飛ばして周囲を笑わせていたが、私にはさっぱり分からない。不安げに作り笑いをする私の姿を見て、スタッフはさらに笑っていた。昨夜書き留めた文章を横目で見ながら、これまでの経緯や調査内容についてなんとか説明した。彼は、無表情のまま私の話に耳を傾け、しばらく黙っていたが、

「ノープロブレム」

と一言。あまりにも呆気なかったのでキョトンとしていたが、周囲で話を聞いていたスタッフは首を縦に振りながら笑顔を見せてくれたので、しだいに嬉しさが込みあげてきた。この時のエドウィンさんとのやりとりがかなり滑稽だったらしく、いまだに笑いのネタにされている。

エドウィンさんには共同研究者になってもらうことになった。宿舎は、野生生物局のスタッフハウスの一室を無償で使わせてもらえるという願ってもいない好条件であった。そして、エドウィンさんから野生生物局の局長を紹介してもらいコタキナバルのオフィスで面会した後、半島マレーシアのクアラルンプールにある経済企画庁（ＥＰＵ）に調査許可の申請をしに行った。調査許可の申請の仕方も分からず、ＥＰＵへ行くたびに「こういう書類も必要だ」と後から指示を受け、そのつどセピロクや日本に電話して、ファックスで書類を送ってもらった。当時はインターネットがまだ普及していなかったので、コイン式公衆電話をよく利用した。しかし、受話器がない、通じない、通じたと思うとこちらの声は聞こえていないなど、大半は壊れていたため、使える公衆電話を常に把握して大量のコインを持っておくことが必要だった。しばらくすると、インターネットや携帯電話が急速に普及し、今ではそれらが普通に利用できる調査地もあり、以前に比べるとかなり便利になっている。

なんとかＥＰＵへの調査許可の申請を終え、一ヶ月後には無事帰国することができた。後で分かったことだが、私がセピロクに入る数年前、青年海外協力隊員としてキタハラ・ケンジさんとアカマツ・リカさんという方が獣医師としてセピロクに滞在しており、お二人が現地で良好な人間関係を築いていただいたおかげで、見ず知らずの私でも受け入れてくれたようだった。当時、スタッフの口から「ドクトル・ケンジ」「ドクトル・リカ」という言葉を何度も耳にした。いかにお二人が、現地に溶け込んでお仕事をされていたかをうかがい知ることができた。

飛び込みで調査地と共同研究者を探しにきた無謀な渡航だったかもしれないが、寛容な現地の人々や面

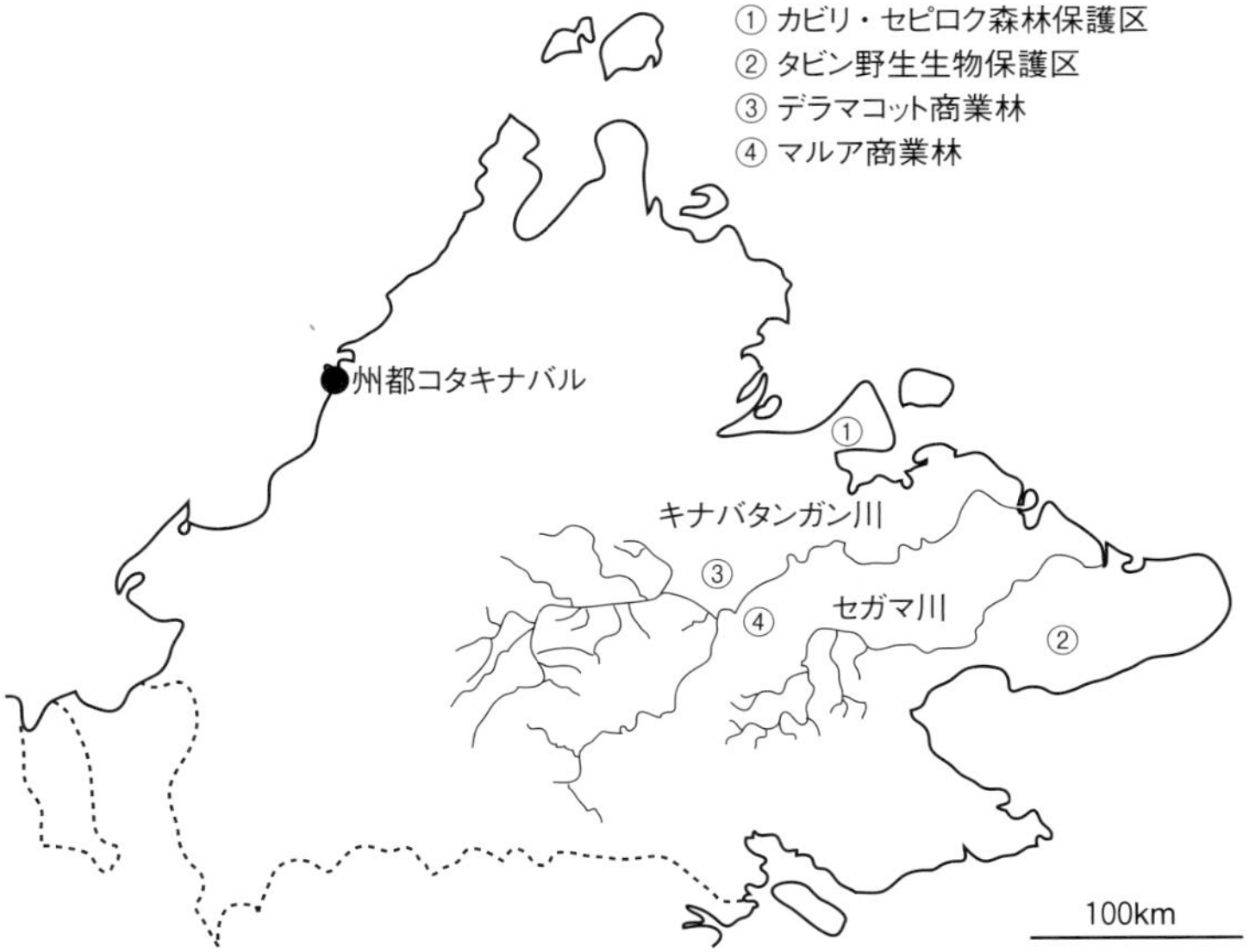

図１・３　ボルネオ島マレーシア領サバ州の主な調査地

識のない先輩日本人のおかげで、幸運にも目的をはたすことができた。何事もやってみないと分からないものである。たとえ可能性が低くても、挑戦することで道はなんとか開けるものだと実感した。

ボルネオとのつながり

一九九七年の半島マレーシアでの予備調査は空振りに終わったように見えたものの、熱帯雨林の現状を垣間見ることができた。そして翌年には、幸いにもボルネオ島サバ州のセピロクで受け入れてもらい、二〇〇一年までの三年間、博士課程の研究テーマとしてマメジカの生態の生態調査を行った。二〇〇二年には、同州のタビン野生生物保護区へと移り、マメジカ二種の同所性に関する調査を行った。そして二〇〇三年からは、デラマコット商業林で、哺乳類による塩場利用に関する調査を開始し、商業林における野生動物保全に関わるようになった。さらに二〇〇八年からは、デラマコットの比較調査地としてマルア商業林が加わった（図1・3）。偶然セピロクから始まったボルネオ島での野生動物研究は、その後も偶然が重なり、いつの間にか一〇年がすぎ今に至っている。

コラム　熱帯雨林の種の多様性とその偏りの謎

熱帯雨林地域は種の多様性が高い。しかしそれは均一ではなく、地域によって偏りが存在する。なぜだろうか。それは、第四期更新世に到来した氷期が影響しているらしい。氷期は雨量減少による乾燥と気温の低下により、草原が拡大し熱帯雨林は縮小していった。それまで熱帯雨林に生息していた森林性の動物は、森の縮小に追われながら、残された環境に押し集められることで必然的に種の密度が高くなったという。その後、氷期がさって森が再び拡大すると、森林性の動物もそれに合わせて分布を拡大・分散していった。そのため、氷期に残った熱帯雨林のコア地域（森林性の生きものにとっては避難場所となりレフュージアとよばれる）における種の多様性ならびに固有種率は、後に新しく拡大した地域よりも高く偏りを示すのである。氷期の間、マレー半島周辺部の熱帯雨林は縮小したが、ボルネオ島周辺部の熱帯雨林は残っていた（マキノン、一九七六）。ボルネオ島の森林性のツパイやリスの仲間の種数が、半島マレーシアに比べて多いのは（マレー半島対ボルネオ島で比較すると、ツパイは三種対一〇種、リスの仲間は二五種対三四種：Medway,

1983; Payne, 2005）、ボルネオ島周辺部が氷期のレフュージアになっていたことに起因していると考えられている。

熱帯アジアの生きもの同士のつながりと多様性

私が熱帯雨林で魅かれたことの一つは、やはり沢山の動物種が同じ森に棲んでいるという種の多様性である。たとえば日本とボルネオ島の哺乳類を比較してみると、前者は一一六種（本川ほか、二〇〇六）であるのに対して後者は二二一種（Payne *et al.,* 2005）と著しく高い。上位三種は、どちらも翼手目（コウモリの仲間）、げっ歯目（ネズミの仲間）、食肉目（ネコやクマなど）の順に高いが、ボルネオの熱帯雨林では、とくにコウモリとムササビやモモンガを含めたネズミの仲間が多い。これらの飛翔性や樹上性種の多様性が高いのは、熱帯雨林が複雑な森林構造を形成し、さまざまな環境を提供するからである。そして、種ごとに活動・休息する場所や時間、食物などの生態的地位（ニッチ）が異なるため、同じ森林での複数種の共存を可能にしている。

第2、第3章では、動物と環境、あるいは動物同士の相互関係の事例を紹介していくが、その前に、東南アジア熱帯雨林における代表的な植物と動物、動物同士のつながりについて紹介したい。

イチジクと動物

イチジクは、東南アジア原産のクワ科の植物である。イチジクコバチという一ミリメートル程の小さなコバチが受粉に深く関わっており、共生の例としてよく取り上げられる。イチジクは、果実をつける時期が明瞭でなく、一年中、森の中のどこかで果実を見ることができる。そのため、多くの動物にとっては重要な食物資源の一つである。イチジクのように、エサの供給源として多くの生きものを支える要（かなめ）となっている種は、キーストン種（要種）とよばれている。生物の保全を考える際は、このようなキーストン種を把握することが重要である。

イチジクの種子は小さく、動物に丸呑みされるため、多くの動物が種子散布者になっていると考えられている。その中でもとくに興味深いイチジクが「絞め殺しイチジク」である。絞め殺しイチジクの果実を食べた動物が他の木の上で糞をすると、糞に含まれていた種子がそこで発芽する。そして、その実生が成長していくにつれて、複数の幹を地上へと伸ばし、成長した幹同士はやがて融合し網状になって元木をジワリジワリと覆って絞めつけていく（図1・4）。最終的に元木は、水や養分を吸い上げることができなくなるため枯死し、元木はイチジクの木と完全に入れ替わってしまう。元木が枯れてしまうと内部にはすっぽりと空洞ができ、人が入れるほど大きいものもある。

イチジクがどれほど動物たちを魅了しているのかを、実際に観る機会があった。二〇〇四年にマレーシア・サバ州のインバック・キャニオン商業林（二〇〇八年から保護林）で、二週間の集中調査に参加した

図1・4　絞め殺しイチジク

時のことである。私は哺乳類相の把握を担当し、森の中のケモノ道や果実が落ちている場所（一〇ヶ所）に、持参したセンサーカメラを一台ずつ設置した。センサーカメラは、赤外線センサーがカメラ本体に内蔵されていて、熱（赤外線）を感知すると自動的にシャッターを切る仕組みである。そのカメラの設置場所の一つにイチジクの木の根元があった。その木は、サイチョウ（サイの角のような嘴をもった大型の鳥）の騒がしい鳴き声を頼りに見つけたもので、新しい果実が辺りに落ちていた。動物の歯型の残る樹上での食べ残しもたくさん転がっていた。調査の結果、イチジクの落下果実のある場所は、撮影種数（平均撮影種数四種に対して二倍以上の九種）、撮影頻度（一日あたりの平均撮影頻度〇・六枚に対して四倍近い二・一枚）ともにもっとも高いことが分かったのである。そして撮影されていた動物は、おもにブタオザル、マレーヤマアラシ、マレーグマ、ヒメマメジカ、そしてネズミ類であった。カメラ設置開始時は、イチジクの果実が足の踏み場がないほどたくさん落ちていたが、二週間後の調査終了時には、ほとんどなくなり他の場所と同じ静かな森に戻っていた。

イチジク以外では、どんな果実が動物たちを魅了しているのだろうか。まずあげられるのが、人も含め魅了してやまない「ドリアン」であろう。また、あまり知られていないが、「ララン」という樹木の果実も多くの動物たちの食物資源として重要な位置を占めている。

ドリアンと動物

ドリアンは、東南アジア原産のパンヤ科（キワタ科）の樹種である。その果実は、果物の王様とよばれ、表面にトゲ（マレー語でトゲのことを「ドリ」という）があり、強烈な匂いを放つ（図1・5）。臭い代名詞のように扱われるが、私を含めドリアン好きにとっては極上の良い香りであり、その食感と甘さはカスタードクリームのようである。野生のドリアンは、果肉こそ薄く少ないが栽培品種に負けないぐらい甘い種類も存在する。そのため、ドリアンの結実シーズンは、野生動物たちが（人間も）先を争って食べにやってくる。

その中でも、オランウータンは、ドリアンが大好物である。大きな歯と手を使い、器用にドリアンの外皮をむいて中身を食べる。彼らはドリアンの木の場所を正確に把握しており、結実期には果実を求めて遠くからやってくるようだ。私が驚いたのは、普段はオランウータンが来ないような交通量が多い道路に面したドリアンの木にも、ちゃんと食べに来ていたことである。地上を長距離歩かなければたどり着かないような場所であるにも関わらず、その木の下には無数のドリアンの種子が散乱し、樹上には枝を折って作られたオランウータンの寝床（巣）が複数作られていた。

図1・5　ドリアン・プティ（上：左の破片はオランウータンの食痕）とドリアン・メラ（下）

私がプロジェクト研究員としてサバ州のデラマコット商業林に滞在中、京都大学大学院修士課程（当時）の中島啓祐さんが、種衣（種子を包む果肉部分）が赤色のドリアン・メラ（*D. graveolens*、メラはマレー語で赤色の意、樹上で裂開し果実を落とさない。匂いは強くない）と種衣が白いドリアン・プティ（*Durio zibethinus*、プティはマレー語で白色の意、果実を落とす。匂いと甘みが強い）が、どんな動物にどのように食べられるのかを調べていた。彼は早朝から夜遅くまで結実したドリアンの木の近くで辛抱強く観察した。その結果、二種の果実のほとんどが、熟れる前にオランウータンによって消費されていることが分かった。あるオランウータンのオスは、わずか二日間で、一一九個のドリアンを消費したという。摂取カロリーを考えると驚異的なことであり、その生理特性は興味深い。また、消費されなかった果実については、熟したドリアン・メラは、ミケリス、カニクイザル、そしてクロサイチョウなどにより、落下したドリアン・プティは、マレーグマやカニクイザルなどによって消費されたという。興味深いのは、これまでドリアンの種子の散布者として名前があがっていたオランウータンの種子の扱い方であった。オランウータンによるドリアンの食べ方には、種子まで食べる（破壊する）タイプと、種子を吐き出す（散布する）タイプの大きく二つがあり、個体差が大きいこと、そして、吐き出された種子の大部分は、親木の真下に落とされることが観察された。すなわち、少なくともデラマコットのオランウータンは、ドリアンの種子散布にあまり関わっていないことが分かったのである。また、赤と白二種のドリアンは、異なる動物により種子を運んでもらっていたこと、すなわち、ドリアン・メラはサイチョウ類、ドリアン・プティはサルや地上性大型哺乳類により散布されることが分かった（Nakashima *et al.*, 2008）、短期集中・長時間の定点観察によって、おもしろいことがいろいろあきらかになった。毎日朝から晩まで調査木周辺に張り込み、クタクタになって宿舎に戻り疲労困憊しながらも新しい発見を一生懸命に説明する彼をみて、自分が学生の頃を思い出した。このような調査も、学生だからこそできる調査の一つなのかもしれない。

ゾウもドリアンが大好物である。村人や森林局のスタッフの話によると、落下したドリアンをゾウが見つけると、まず前足で転がし落ち葉でドリアンを包んでから食べるという。現地の動物園のゾウにドリアンを与えて観察してみたところ、土の上でも前足で転がし、体重を利用して果実を軽く割ろうとしているようだった。私が観察した時は、種子も破壊されたように見えた。しかし、ほとんど破壊されることなく、糞として排泄される場合もあるという。ゾウが消化に要する時間やその行動圏の大きさを考えると、親木の元から遠くへ運んでくれるゾウは、重要なドリアンの種子散布者の一つと言えるだろう。

ただし、たとえ親木から遠い場所へ種子を運んでもらったとしても、その場所が発芽に適した環境である必要があり、またネズミに捕食される可能性も高い。そのため、種子が発芽・成長するまでには数多くの試練が待ち受けていることは想像に難くない。

ラランと動物

ララン（Laran, *Neolamarckia cadamba*）は、アカネ科のパイオニア樹種である。毎年一〇月頃、枝先にテニスボールよりやや小さい黄色い果実をつける（図1・6）。オランウータン、テナガザル、リーフモンキーなどの樹上性植食者は若葉や果実を、サンバーやマメジカなどの地上性植食者は、落下した葉や果

図1・6　ラランの木と果実（幹上部の黒いかたまりはオランウータンの巣）

実などを好んで食べる。どこにでも普通に見られる樹種だが、野生動物の重要な食物資源の一つである。一年の特定の時期に一斉に落葉・結実するため、野生動物の食物資源としては、イチジクとは異なる位置を占めるようだ。また、本種は、成長が速く、材としても比較的優れているため、人にとっても利用価値の高い資源の一つであり、サバ州では植林用の樹種として積極的に用いられている。

サバ州のデラマコット商業林は、持続的森林利用を実践する森として知られ、森林の状態は比較的良い（第3章参照）。一方、その森の西部には、従来型の無計画な伐採方法によって切られた荒れたタンクラップ商業林が隣接しており、ラランをはじめ多くのパイオニア樹種が分布している。デラマコットでは、森林の状態を把握するために、毎晩樹上に作られるオランウータンの寝床（巣）を指標として、ヘリコプターを使った空中センサスにより巣数や分布の年変動をデラマコットとタンクラップの二つの地域で監視しているのだが（第4章参照）、特徴的な変化が生じる時期がある。ラランの結実期になると、通常は少ないタンクラップの巣の数が増加するのである。これは、オランウータンがラランの果実の採食を目的として季節的な移動を行っていることを示唆している。おそらく、これはオランウータンに限ったことではなく、イノシシなどの遊動性の高い動物種ではごく普通に起きているのだろう。このことは、好まれる食物資源の分布や季節性が遊動性の高い動物の分布にも影響を与えることを示している。

ジャコウネコ類の多様な食性

サバ州のデラマコット商業林に滞在していた時の話である。毎朝バイクで調査地に向かう途中、路上に種子を含んだ動物の糞をよく見つけた。夜から朝方の間に排泄されたその糞の主は、ジャコウネコ類のものと思われた。ジャコウネコ類は、食肉目ジャコウネコ科一四属三三種に分類され、アジアとアフリカに分布している。顔と尾が長く、体高が低いという外貌特徴をもつ。日本ではハクビシンが有名である（日本のハクビシンは外来種と考えられている）。ボルネオ島の低地熱帯雨林には、八種類のジャコウネコ類が生息している。いずれも夜行性であるが、種によって利用環境や食性が異なり、樹上性あるいは地上性の強い種、植食性あるいは雑食性の強い種などに分かれ、ニッチの分化が成立している。八種類のうち、道沿いでよく見かけたのが、パームシベット（Common Palm Civet, *Paradoxurus hermaphroditus*）とマレーシベット（Malay Civet, *Viverra tangalunga*）だった。これは、これらの種が、地上性が強く、撹乱の度合いが高い環境を選好することを示唆している。また、パームシベットは植食性が強く、マレーシベットは雑食性が強い傾向があるため、路上に排泄された糞で種子を含んでいるものは、おそらくパームシベットのものと考えられた。

食肉類の歯は鋭く、すり潰しには適さない形態のため、被食された果実の種子は壊されることなく、原型をとどめた状態で排泄されることがほとんどである（図1・7）。中には大きな種子がかたまりで出てくることもあった。調査の合間に路上に散布された種子を記録したところ、五九個の糞の中から少なくても二七種類の種子を確認した。観察を続けていると、毎年同じ時期に同じ種類の種子が検出され、その植物の季節性も観ることができた。

このように路上に種子を散布するということは、開けた環境を選んで排泄するというパームシベットの

図1・7　ジャコウネコ類の糞

行動特性を反映している。森の中にそのような環境を探すと、それは林冠ギャップに相当する。つまりパームシベットは、林冠ギャップに種子を運び、森林の更新に関わっていることがうかがえる。パームシベットは、どこにでもいる普通種であるけれども、種子の散布者として生態系の中で重要な役割を担っていることが推察できる。パームシベットの種子散布については、デラマコットで野生動物によるドリアンの種子の扱いを調べた中島さんが、その後タビン野生生物保護区で博士課程のテーマとして取り組み、興味深いことをたくさんあきらかにしている。近い将来、その成果が発表されるであろう。

マレーシベットは、パームシベットと並んで遭遇率の高いジャコウネコの一種である。私はこの動物の意外な行動に驚いた経験がある。ある日、カニクイザルの死骸を偶然見つけたので、どんな動物が食べにくるのかを調べることにした。死骸がすぐに持ち去られないよう倒木の上にヒモで固定し、その前にセンサーカメラを設置した。死骸にはウジがわき腐敗がかなり進行して強烈な異臭をあたりに漂わせていた。こんなに腐敗が進んだ状態の死肉を食べるのは、哺乳類ではイノシシだろうかと予想したが、写真を見て驚いた。写っていたのは、マレーシベットだったのである（図1・8）。ジャコウネコの中でも雑食性の強い種であるが、まさか腐敗した死肉まで食べるとは思わなかった。マレーシベットは、スカベンジャー（腐肉食動物）でもあり熱帯生態系において掃除屋としての役割も担っているといえるだろう。

また、夜行性のジャコウネコ類とは対照的に、その多くが昼行性のツパイもまたニッチ分化によって近縁種同士が森の中で共存しているので、この章の最後の話題として紹介したい。

共存するツパイたち

ツパイ（Tupai あるいは Treeshrew）は、一見リスのようなサイズと体色だが、顔が長いのが特徴である（図1・9）。その長い頭骨の上下の顎には、三八本もの歯が並んでいる。リスやネズミなどのげっ歯類の歯は、発達した門歯と臼歯からなり、その間には歯がないギャップ領域（ディアステマ）があるのが

図1・8　腐肉を食べるマレーシベット

図1・9　オオツパイ *Tupaia tana*（上）とハネオツパイ *Ptilocercus lowii*（下）

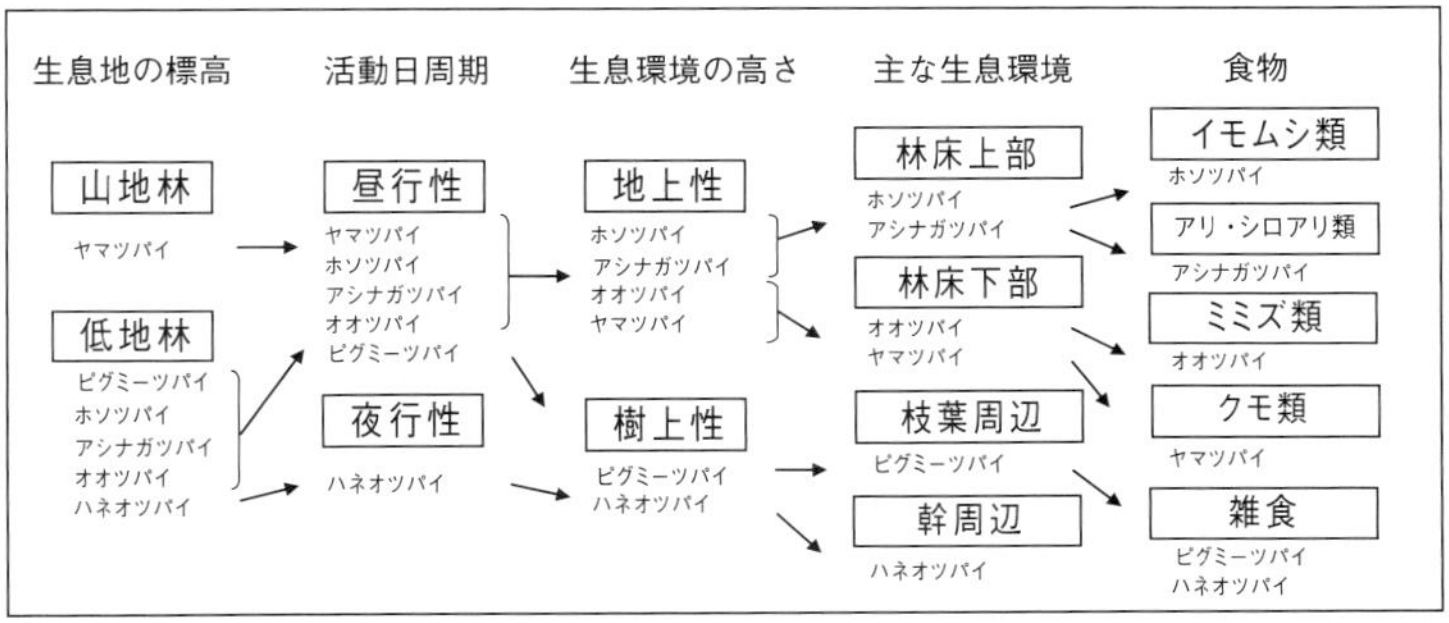

図1・10　ツパイ類のニッチ分化（Emmons『TUPAI』の図を改変）

特徴であるが、ツパイにはない。また、ツパイの指は五本とも長いが、げっ歯類の指は親指（第五指）が短く、それ以外の四本が長い。ツパイは、過去には霊長目や食虫目などに分類されていたこともあるが、現在では、独立した目であるツパイ目（Scandentia）として位置づけられている。ツパイ目は東南アジア固有の目の一つで、五属二〇種が記載されている。ボルネオ島では、一〇種が確認されており、大部分が昼行性であるが、ハネオツパイ（Pen-tailed Treeshrew, *Ptilocercus lowii*）は夜行性で、日常的に発酵したヤシの樹液を飲む（飲酒する）哺乳類ということで話題にもなった（Wiens *et al.*, 2008）。

多様な種分化を遂げたツパイ同士もまた、ニッチ分化によって、同じ森の中で生活している。米国スミソニアン研究所のEmmons博士は、一九八九－一九九一年にマレーシア・サバ州で六種のツパイを対象とした生態研究を行い、その成果として『TUPAI』（University of California Press）という興味深い本を出版している。それによれば、六種は、生息地の標高（山地林と低地林）、活動日周期（昼行性と夜行性）、生息環境の高さ（地上性と樹上性）、おもな生息環境（林床上部周辺、林床下部周辺、幹周辺、枝葉周辺）、食物（イモムシ類、アリ・シロアリ類、ミミズ類、クモ類をおもに採食する種、そして雑食）によって、巧みに棲み分けているという（図1・10）。たとえば、ハネオツパイとオオツパイ（Large Treeshrew, *Tupaia tana*）についてみると、ハネオツパイは、低地林に生息し、夜行性、樹上性でおもに幹周辺で活動し、雑食性であるのに対し、オオツパイは、ハネオツパイと同じく低地林に生息しているが、昼行性、林床下層部つまり地上部周辺で活動し、ミミズ類をはじめとする土壌動物を採食していることが分かる。また、図中のアシナガツパイ（Long-footed Treeshrew, *Tupaia longipes*）は、従来コモンツパイ（Common Treeshrew, *Tupaia glis*）の一亜種と扱われていたが、近年はボルネオ島固有の別種として扱われている。

ジャコウネコやツパイをはじめ、熱帯アジアの森に生息する動物たちは、活動時間や活動場所、そして食物を微妙にずらすといった巧みな棲み分けを行うことによってうまく共存している。しかし、過度の森林伐採などで生息地が縮小すると、種間で競合する度合いが強まることが指摘されている。人為的活動が野生動物に与える影響については、第4章で取り上げる。

コラム　ボルネオ島の野生動物の不思議

氷期は現在よりも海水面が低く、ボルネオ島は、マレー半島、スマトラ島、そしてジャワ島と陸続きでスンダランドを形成していた。そして、多くの動物が大陸からボルネオやスマトラへ移動してきたため、この地域の動物相は豊富で共通種も多い。しかし、ボルネオ島に生息する哺乳類は、他のスンダランド由来の地域のものと比べるといくつかの点で違いが認められる。

まず一つ目は、大型哺乳類の種数が少なく、とくにボルネオ島最大の大型捕食者は体重が二〇キログラム程度のウンピョウで、より大型のトラやヒョウは生息していない。しかし後期更新世や中期完新世頃のボルネオ島の大型哺乳類相は豊富で、肉食獣ではトラやヒョウ、草食獣ではマレーバクやジャワサイも生息していたことが化石から確認されており、なぜこれらの大型哺乳類が絶滅したかについては不明である。ボルネオ島の低い人口密度を考えると、狩猟圧などの人為的な要因以上のものが関わっているようだ。二つ目は、体サイズが小さいことである。ボルネオ島のマレーグマ、オオマメジカ、サンバーなどの体サイズは、スマトラ島やマレー半島の同種に比べてずっと小さい。そして三つ目は、動物の個体群密度が低いことである。

土壌の肥沃度と動物の個体群密度の間には密接な関係があることが、以前から指摘されている（Mohr, 1938）。近隣のスマトラ島やジャワ島が火山性の比較的新しい島であるのに対して、ボルネオ島はより古い歴史をもち、長い間大量の降雨により溶脱を受けたために土壌栄養塩に乏しいことが知られている。肥沃な土壌環境に成立する森林の生産性は高く、たとえば、スマトラ島の果実生産量は、ボルネオ島よりも高いという。このようなことから、ボルネオ島の哺乳類相の特徴は、土壌栄養塩の低さが一次生産（光合成による無機物から有機物の生産）量に影響し、それを反映した食物資源量の制約が、大型捕食者という高次消費者の減少、体サイズの小型化、そして個体群密度の低下などに反映されているのではないかと考える研究者もいる（*Meiri et al.*, 2008）。

ボルネオ島の動物相は、自然環境要因による制限を強く受けて現在に至るようだ。しかし近年、ボルネオ島の哺乳類は、森林の開発や狩猟などの人為的要因によって、絶滅の危機に追い込まれ、地域個体群が消失してしまうような状況に陥っている。

第2章
マメジカの生態に迫る

世界最小の反芻動物〝マメジカ〟

マメジカは、英名は mouse-deer または Chevrotain といい、外貌を一言でたとえると「足の長いネズミ」である。分類学的には、マメジカ科として独立した科に分けられ、系統学的には、シカ科やウシ科などの反芻亜目の中で最初に分岐したグループ群である。目は大きく、ウサギぐらいの大きさ、四肢は箸のように細い、一風変わった動物である（図2・1）。オスにもメスにも角がないが、オスは上顎の犬歯と下顎の臭腺（下顎間腺とよび、発達すると膨隆するので横顔から雌雄判別ができる。図2・2）をもつ。行動に関しては、他の反芻動物とは異なる特性をもつことが、飼育個体から分かっていた。たとえば、休む際、ウシやシカといった多くの反芻動物は前足から座り込むが、マメジカはイヌのようにお座りをしてから前足をたたむ。ウシやシカが座る際は四肢を体の片側に投げ出す体勢をとるが、マメジカは四肢を体の下にしてうずくまるような体勢で休む。また水を飲む際、ウシやシカは吸い込むようにして飲むが、マメジカはイヌのように舌を使って飲むなどがあげられる。一方、野生個体の生態情報はひじょうに乏しく、当時は夜行性の果実食者であると考えられているにすぎなかった。

従来、マメジカは東南アジアに二種、インド周辺に一種、そして中央アフリカに一種の計四種に分類されていた。しかし、現在はアジア地域の種が細分化され一〇種に分類されている。私が調査対象種にしていたジャワマメジカ Lesser mouse-deer（*Tragulus javanicus*）は、現在はジャワ島のマメジカだけに適用され（現在の英名は Javan Chevrotain）、ボルネオやマレー半島の種は Lesser mouse-deer あるいは Lesser

図2・1　ヒメマメジカの成熟メス（左）と成熟オス（右）

図2・2　ヒメマメジカの成熟オス（下顎間線が発達し、小さな犬歯がみえる）

Oriental Chevrotain（*Tragulus kanchil*）とよばれている。そのため、本書では *T. kanchil* を「ヒメマメジカ」としてあつかう。

なぜマメジカ？

私は、草だけ食べて生きている草食動物の生理に興味があり、その中でもさまざまな種へと適応放散して大繁栄している反芻動物の生態や行動の進化におもしろさを感じていた。当時、反芻動物の生態に関する研究の大部分は、高緯度地域におけるもので、熱帯雨林が広がる低緯度地域での、反芻動物の生態はほとんど分かっていなかった（それは今でもあまり変わっていない）。そのような中で、一見かなり弱々しく天敵や競合者の多いマメジカが、熱帯雨林でどのように生きているのだろうかということに、自分なりの答えを見つけたいと思った。さらに現実的なことを言えば、体サイズが小さいマメジカは、その行動圏も小さいことが予想され、一人でも調査できるだろうと考えた。そして何より、大きい目に長いまつげ、丸いおしりのキュートな後姿に魅力を感じたから…など、さまざまな理由があって、マメジカを調査対象としたのである。

コラム　学生の頃の話1―セピロクでの生活―

セピロクでの滞在は、当初オランウータンセンター近くのワイルドライフロッジ（現ジャングルリゾート）の納屋を一日五リンギット（約一五〇円）で借り半月ほど生活していた。続いて、野生生物局のスタッフ用宿舎やオランウータンセンター内にある獣医用の宿舎の空き部屋に一年ほど居候していた。その後、森林局の長屋（ゲストハウス）の一室を破格の一ヶ月一〇〇リンギット（約三〇〇〇円）で借り、そこでの生活が一番長かった。各部屋にはトイレと水シャワーがあり、台所は共同だったが利用当初は私だけだった。普段の調査は、毎日長屋から森の入り口までは自転車で移動し、そこから調査地まで片道一時間ほど歩いた。調査地には、毎日調査で使うアンテナとテントを倒木の隙間に置いていた。昼食は、オランウータンセンターの食堂で作ってもらった弁当を食べ、夕飯は自炊した。二四時間行動追跡をする時は、着替えに加えて食料（缶詰とビスケット）と水を多めに持って入った。自分の足で歩き、自分の目で観察を行った当時の調査は、マメジカをはじめ野生動物との距離感が一番近く感じられた時期だったと思う。

また、長屋の近くには、馬洪（マーフン）商店という日用品を売る小さな店がありよく利用した。マーフンでは、陳さんという名物おじさんが、夕方いつもビールを飲んでいた。調査の帰り、体にヒルをつけたまま店に入り注意されたのがきっかけで話をするようになり、長いつき合いが続いている。当時と比べるとセピロク周辺はリゾート化が進みずいぶんさま変わりしたが、マーフンに集う人々は相変わらずで、いつ行っても平和な時間が流れている。調査は孤独である。現地の人々とのこういったつき合いが大きな心の支えにもなる。

コラム　調査中に気をつけること

フィールド調査に危険はつきものである。ボルネオの森で危険な生きものは、ヘビとゾウだろう。ヘビの中で毒をもつものはそれほどいない。毒ヘビに遭ったとしても大抵の場合はヘビの方が逃げてしまうが、できれば遭いたくはない。倒木などを跨ぐ際などは注意が必要である。心配なら長靴をはくといいだろう。真相は不明だが、ヘビは硫黄の臭いを避けるという。そこで森に泊まる際は、テントの周りに硫黄の粉をまいていたこともあった。毒ヘビもさることながら、毒のないニシキヘビも注意が必要である。以前私は、発信機を装着したマメジカの行動追跡をしていた。すると突然、大木の根元から地中に向かう大きな穴から、発信機のシグナルが聞こえるようになったのである。おそらくニシキヘビに捕食され、ヘビが穴の中で休んでいる状態だと思われた。実際、東カリマンタンでは、行動追跡中のマレーグマの成獣メスがニシキヘビに捕食された報告があり、そのヘビの全長は、七メートル近くもあったという（Fredriksson, 2005）。

ゾウには会いたいけれども、実際に遭遇すると非常に怖い動物である。もし遭ったらどうするか。私の場合、まずはその場でようすをうかがって通りすぎるのを待ち、もしゾウが自分に気づかずに向かって来るようだったら、声を張り上げるなどして自分の存在を知らせるようにしている。

注意したいのが、毛虫である。以前林道をはずれて藪の中を歩き回った時、体に白い毛虫が数匹はっているのに気づいた。気をつけて取ったつもりだったが、しばらくして全身にじんま疹ができて、結局、最寄り町の病院で注射を打ってもらわなくてはならなかった。あの耐えがたいかゆみは、二度と経験したくないものである。それ以来、調査地には必ず抗ヒスタミン薬を持って行くようにしている。

また、動物調査は、林道からはずれて歩くのが普通である。道に迷わないようにするためには、方向を変える際や、見通しが悪い場所では、カラーテープなどで近くの木に目印をつけることが大事である。最近は高性能のGPSが安く手に入るので、慣れない森を歩くときは必ず携帯すべきだろう。

マメジカを捕まえる

カビリ・セピロク森林保護区

マメジカの調査を行うことになったカビリ・セピロク森林保護区（以下、セピロク）は、総面積四三〇〇ヘクタールの低地混合フタバガキ林である。調査の拠点にしていたセピロクオランウータンリハビリテーションセンターは保護区の北側に位置しており、南側はスールー海に面するためマングローブ林、また西側には広大なアブラヤシのプランテーションが広がっている。セピロクは森林局の森林カテゴリーでは保存林にあたり、過去に多少切られた痕跡はあるものの現在は伐採が禁止され、フタバガキ科の大木が多数存在する比較的状態の良い森である。哺乳類相も比較的豊富で、マーブルドキャット（Marbled Cat, *Pardofelis marmorata*）やボルネオ島固有種のテングザル（Proboscis Monkey, *Nasalis larvatus*）などの

図2・3　マーブルドキャット（上）とテングザルのオス（下）

絶滅危惧種も生息している（図2・3）。戦時中には、海から物資を搬入するために森の中にトロッコのレールを敷いていたらしく、今では草木に覆われてはいるものの、真直ぐな林道と所々の川に架けられた二本組の丸太が当時を物語っている。そんな歴史をもつ林道を、私は毎日調査地へ向かうのに使っていた。セピロクを新たな調査地として張り切る一方で、気がかりな点もいくつかあった。その一つは密猟である。セピロクを調査地とすることが決まった際に数日間滞在した時の話。夜の通りで、数頭のイヌを連れ、肩からショットガンをかけた密猟者に出会ったのだ。前年のパソ森林保護区もそうだったが、町から近い森には、保護区に関わらず密猟者が入って来るのである。狩猟圧の大きさによっては、動物の行動にも影響を与えてしまうかもしれない。結局、アクセスがしやすい場所は調査を行いやすいが、密猟者をはじめとする外部の人も入り易く、動物の行動に影響を与える可能性があるのだ。重点調査区をセピロクのどこに設置するのかが最初の課題となった。

重点調査区での地図作り

毎日通うことを考え、センターから片道三〇分弱の林道から外れた外部の人間が入らないと思われる場所を重点調査区にすることにした。具体的には、まず小川沿いの柔らかい土に残された足跡からマメジカの存在を確認し、林冠ギャップを含む植生、さらに尾根や低地など起伏のある地形を含む地域を選んだ。その中でマメジカがどのくらいの大きさの面積のどんな環境を利用しているのかを調べるためには、適当な縮尺の地図が不可欠である。一般に動物は、体サイズが大きくなるほど行動圏（動き回る範囲）も大きくなる。マメジカは小さいので、小さな縮尺の地図が必要となる。そのため、重点調査区において大まかな植生・地形情報を盛り込んだ地図の作成を行った。

測量コンパス、手製の測量ポール、メジャー、そして懐中電灯を使い、野生生物局のスタッフに手伝ってもらいながら一〇〇〇分の一の地形図を作った。懐中電灯は、測量コンパスで測量ポールの位置を確認する際に使う。林床は、障害物が多いうえに薄暗いので、ポールを探すのも手間がかかるのである。測量の際は、道のない森の中を直線に進む必要があるのだが、そこには棘のあるロタンや複雑に絡み合ったつる性の竹が生い茂り行く手を阻んでいる。しかし、スタッフはパラン（現地の山刀）一つでどんな所にもどんどん突き進んでいくので驚いたものだった。

捕まらないマメジカ

調査がはじまると、毎日森に入ってマメジカとその痕跡を探した。しかし、見つかるのは柔らかい土の上についた小さな足跡ぐらいで、糞を探すことすら至難の業である（図2・4）。運よくマメジカを見つけることができても、あっという間に逃げさってしまう。当時、マメジカは夜行性と言われており、そのために遭遇率が低いと考えていた。そこで、首輪式の発信機をつけるために、生け捕りにすることにした。野生生物局のスタッフがトラップを作ってくれた。マメジカの痕跡があり、林冠ギャップを含む場所に高さ四〇センチメートルほど、長さ七〇メートルほどのネットで障害壁を作り、出入り口を数ヶ所開け、その位置に底がないカゴをぶら下げる（図2・5）。カゴは直径が四センチメートル前後の木をラタンで編

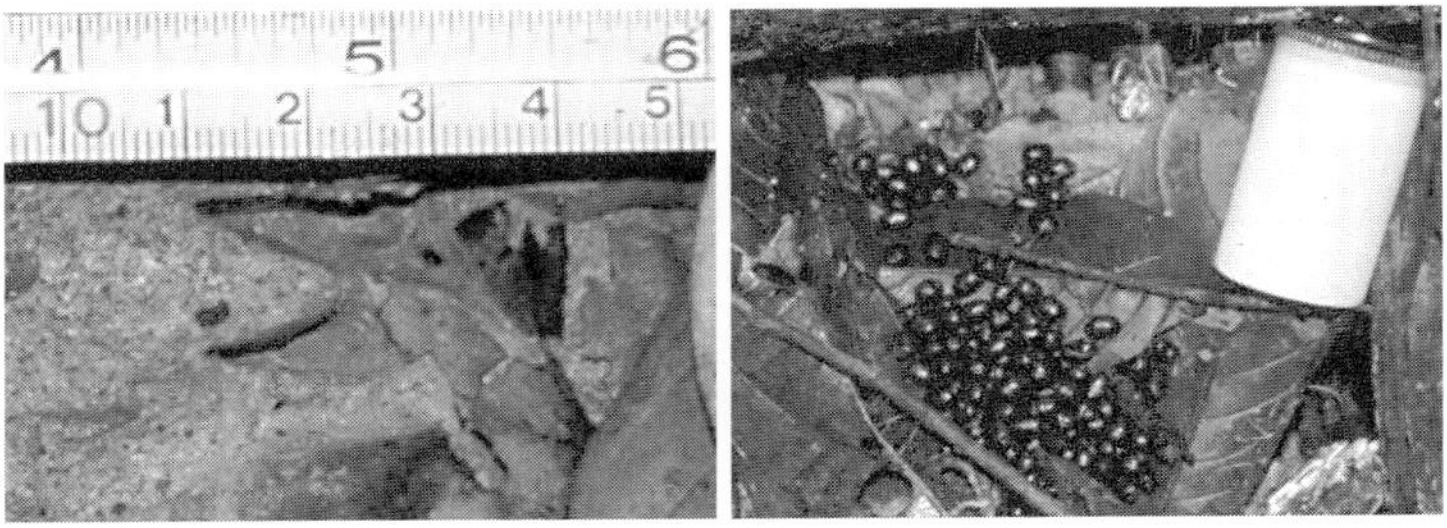

図２・４　マメジカの足跡（左）と糞（右：糞粒とフィルムケースのサイズの違いに注目）

図２・５　カゴ型落としワナ

んだものである。ぶら下げたカゴが安定するよう、カゴ上部中央の木は長く伸び、地面に留め木で固定されている。動物が箱の下を歩いた時、踏み板を踏むことで留め具がはずれ、動物の真上から箱が落ちてくる仕組みである。基本原理は日本で使われる落としワナと同じで、落ちる丸太部分が箱になっただけである。マメジカに気づかれないよう踏み板を土と枯葉で覆い、踏み板にマメジカほどの体重圧（一キログラム以上）がかかった際、カゴがうまく落ちるよう調整した。

毎朝、ワクワクしながらトラップの見回りをして、捕まるのを待った。しかし、一ヶ月をすぎても一頭も捕まらなかったので、さすがに焦ってきた。ある日、スタッフと森に入ると、ウンピョウに襲われたらしいマメジカの死体を見つけたという。彼の案内した場所は林道から少しはずれた小川の傍で、マメジカと思われる新しい血痕と体毛がわずかに残されていた。そして、トラップの場所まで行くと箱の一つが落ちていたが中身は空っぽ、足跡だけが残っていた。逃げた痕跡はない……不自然である。なぜ、彼は林道からはずれた場所のマメジカ（と思われる動物）の体毛が散乱した場所が分かったのか、マメジカはどうやってトラップから逃げたのか。腑に落ちない点が多く、まさかとは思いつつ、スタッフへの疑惑が浮上してきた。

結局、二ヶ月半滞在した第一回の調査では、マメジカを一頭も捕獲できなかった。帰国日前日の朝、すべてのトラップをはずした。その日の午後、荷造りをしながらも、「なぜ捕まらないのだろう」とモヤモヤした気持ちは消えなかった。そこで、もう一度自分でトラップの場所を確認しにいくことにした。トボトボと一人林道を歩き、現場に着いて驚愕した。はずしたはずのトラップが、すべて仕掛け直されていたのである。トラップの場所を知っているのはスタッフだけのはずである。彼は、今朝私がトラップをはずしたことも知っている。彼は獲物を狙い…、トラップを先回りし…、トラップにかかったマメジカを横取りしていたのだろう。

彼に直接問いただしたが知らないとしらを切るだけ。エドウィンさんに報告すると、がっかりした表情でアシスタント代は払わなくていいと言い、彼も要求してこなかった。ナント、スタッフもまた密猟者だったのである。

セピロクでのマメジカ調査第一回目にして、一筋縄ではいかない現地調査の難しさを実感することとなった。とはいっても、それ以来、そのような経験はなく、今では笑い話となっている。例のスタッフは、癖は強いけれども、野生動物に詳しく、森歩きはスタッフの中でも抜きんでていた。なかなか難しいことかもしれないが、色々な人がいることを理解し、その中で壁を作らずにうまくつき合って行くことが長く調査を続けることの秘訣の一つだと思う。結局、初めてのマメジカ調査は、現地の人とのつき合い方を学んで終わった。

ついにマメジカを捕まえる

先の見えない不安な気持ちを抱えながら二回目の調査が始まった。今回は森の入口から片道一時間の外部の人間もスタッフもほとんど入らないと思われる場所に重点調査区を設置した。移動はめんどうだが、前回のような思いは二度としたくはない。マメジカの足跡を確認した小川を含む環境を新しい重点調査区として選び、トラップを仕掛けた。毎朝捕獲の有無を確認しに行くのだが、トラップに近づいてくるとなぜかソワソワして自然と歩調が速くなる。もしカゴが落ちていれば何か動物が捕獲されている可能性が高く、落ちたトラップが見えた時は、「落ちつけ」と自分に言い聞かせながら、静かにカゴの中をのぞきこんだ。ある日、いつものようにトラップを見に行くと、カゴが一ヶ所落ちている。「もしや…」と思いながらのぞきこむと、こげ茶色のマメジカの背中が見えた。あの時は心底うれしく、「ヨッシャ！」と森の中で一人こぶしを握ったのをおぼえている。

新しい調査区での捕獲作業は比較的順調だった。トラップを仕掛ける際は、周囲の植物を少し切るため、匂い環境を変えてしまう。そのため、鼻が利く有蹄類は、トラップを仕掛けてしばらくは警戒して近寄らなくなるという。しかしマメジカの場合は違うようで、設置後まもなく捕獲することができた。また、一度に二頭捕獲されることもあり、予想以上に簡単に捕獲できたのにはむしろ驚いた。そして不思議なことに、夜行性のはずなのに昼間もよく捕まった。朝、調査区に入ってトラップを仕掛け、近くの尾根にテントを張って休んでいると、「バタン、コトコトコト」と、トラップの落下音とその中で走り回る蹄の音で、捕獲を知ることができた。夜にトラップを仕掛けると夜行性のヤマアラシ、スカンクアナグマが入ってしまう。ヤマアラシは丈夫な歯で木製トラップを破壊して、スカンクアナグマは地面に穴を掘って逃走した。トラップ内には、ヤマアラシの刺、スカンクアナグマの異臭が残される。マメジカが昼間でも捕まることが分かってからは、トラップは昼間だけ仕掛けることにした。

結局、一九九八年一〇月から二〇〇〇年七月の間にトラップを設置した八〇日間で、オス九頭（成獣八、幼獣一）、メス六頭（成獣五、幼獣一）、性別を確認する前にトラップの隙間から逃走した幼獣一頭の合計一六頭のヒメマメジカを捕獲することができた。そして、ようやくデータが取れだしたのは、博士課程三年からだった…。

コラム　森で生活する人々の知恵―ハネワナ猟―

野生動物を捕獲する方法の一つとして、トラップを使ったものがある。よく利用されるのは、日本でハネワナ（バネがついたククリワナ）と言われているものだ。動物がよく通る道、いわゆる〝ケモノ道〟を探し、そこにバネから伸びた輪投げ型のヒモとそのバネの引き金部分を設置する。日本では金属製のバネを利用するが、ボルネオやフィリピンでは柔軟性の高い木の枝を利用する。引き金部分は、動物が肢を乗せる、あるいは体を引っかけるとヒモが引っ張られて留め具がはずれる仕組みになっている。動物がちゃんと足を置いてくれるように、輪投げヒモの手前に小さな障害物を置くこともある。動物が引き金を引いた瞬間、輪投げヒモはバネによって引っ張られ、瞬時に肢を締めあげる。肢を締めつけるためのヒモは、近くの木にくくりつけるか、木がない場合は、丸太などにくくりつける。動物は丸太を引きずりながら逃げるが、途中で引っ掛かるため動きがとれなくなるのだ。材料こそ異なるが、ボルネオ、フィリピン、そして日本のワナの基本原理は同じであり、狩猟文化のおもしろさが垣間見える。ただし、動物の足を傷つける可能性があるため、調査用としてはおすすめできない。

コラム　臭すぎる動物たち

以下の種は、東洋区固有種で生態や行動が興味深いものの、異臭を放つためか残念ながら研究者がおらず、その生態はほとんど分かっていない。

スカンクアナグマ（Malay Badger または Teledu, *Mydaus javanensis*）

スカンクアナグマは、食肉目イタチ科に分類され、ボルネオ島、スマトラ島、そしてジャワ島に分布している。黒い体に白い縦髪という特徴がある（写真1）。アブラヤシのプランテーションにも進出し、ロードキル個体が時々目撃される。鼻の奥に残るような強烈な異臭を放つため、すぐに存在を知ることができる。夜行性で、動物質から植物質、果ては死肉も食べるという。しかし、詳細な生態は不明である。

深夜、マメジカを観察している時にもそれは現れた。白い縦髪の動きから、ゴソゴソと枯葉の中に顔を突っ込みながら、マメジカのいる方へと向かって行くのが分かった。そしてしばらくすると、鼻が曲がるとはこのことかと思うほど濃厚な悪臭が漂ってきた。かまされたのである。立ち木の陰にいたマメジカはよろよろ出てきてその場を離れた。一方私は、驚かさないよう、その場でひたすら耐えた。真夜中の森で、スカンクアナグマの異臭に耐えるという時間をマメジカと共有した不思議な体験だった。

ジムヌラ（Moonrat, *Echinosorex gymnura*）

ジムヌラは一見大型のネズミのようであるが、げっ歯目ではなく食虫目ハリネズミ科に分類され、食虫類

写真１　スカンクアナグマ

写真２　ジムヌラ

の中では世界最大種である。マレー半島、スマトラ島、そしてボルネオ島に分布している。マレー半島とスマトラ島に生息するジムヌラは、顔から首にかけては白いが体は黒く体重は一キログラム前後なのに対して、ボルネオ島のジムヌラは、全身が真っ白で体重は二キログラムほどもある（写真2）。このような違いから、マレー半島・スマトラ島とボルネオ島のジムヌラは、それぞれ *E. g. gymnura* と *E. g. alba* の二つの亜種に分けられている。夜行性で、土壌動物、甲殻類、昆虫類などの動物質を食物としており、天敵に襲われると強烈なアンモニア臭を出す。

以前、マメジカを捕獲するために設置したトラップにジムヌラが入ったことがあった。せっかくの機会なので袋に入れて体重計測していると、袋の中で臭いを放たれ、あわてて外へ出すとその個体は動かなくなってしまった。その場に放置して他の作業後にようすを見に行くと、そこにいたはずのジムヌラはどこかへと消えていた。どうやら死んだふり（ジムヌラ寝入り?）をしていたようだ。深夜、闇の中から真っ白なジムヌラが現れると、ちょっと不気味である。

熱帯雨林で二四時間マメジカを追う

壊れた発信機

捕獲個体は、網目が細かくて柔らかいネットに移してから麻酔をし、寝ている間に首輪式の発信機を装着した。その後トラップに戻し、休息姿勢ができるようになったのを確認してから解放した。発信機は「ピッ、ピッ、ピッ」と一定間隔でシグナルを発信し、それを八木アンテナがつながった受信機で検出する。シグナル音の大きさで、発信機までの距離が遠いか近いかが分かる。アンテナと受信機を持って森の中を歩き回り、三点以上の観測地点からシグナルの方向を測位し、できた三角形の重心を求めることで居場所を推測した。この作業を繰り返せば、マメジカが、「いつ、どこにいるのか」を把握することができる。

まず、初期にたて続けに捕獲した三頭に発信機を装着した。三個体を同時に追跡できるので個体間行動を把握することができる。追跡調査は順調であるかのように思えた。しかし、数日後から発信機のシグナル音が聞きとりにくくなってきたのである。追跡個体が遠いあるいは物陰に隠れている時のような弱いシグナル音とは異なり、不規則な間隔で聞こえてくる。「まさか…」不安は的中した。ようやく調査が軌道に乗り始めたかと思った矢先に、三つの発信機が同時に壊れてしまったのだ。意気消沈してカナダのメーカーに問い合わせると、発信機のコーティングが不十分なために湿気が入りこんだのではないかということだった。その数週間後、新しい発信機を受け取った。以前の機種とはコーティングの種類も厚みも違っていたが、自分でも発信機表面にさらにコーティング剤を塗る。熱帯雨林のような高温多湿環境では、機械類はすぐに壊れてしまう。調査を始める際は、これでもかというほどの万全の態勢で臨まなくてはいけない。現地での人とのつき合い方の次に学んだことだった。調査は再び振り出しに戻ってしまい、焦る気持ちを抑えながら、一人捕獲作業を続けた。

その後も、発信機が脱落したり、追跡個体が蛇に捕食されたりというトラブルもあったが、なんとか六頭のマメジカを長期追跡することができた。

いつ、活動・休息しているのか？

一日の行動パターン、「いつ、どこで、何をしているのか（活動日周期と環境利用）」を調べるために、朝九時から翌朝九時まで、二時間ごとに追跡個体の位置を特定することにした。調査区の中の尾根にテントを張り、十分な水と食料（パンやビスケットと缶詰）、そして着替えを持ちこむ。昼間だけの調査ならハンモックと雨よけのビニールカバーで十分だが、昼夜を通しての場合は、テントは必需品である。テン

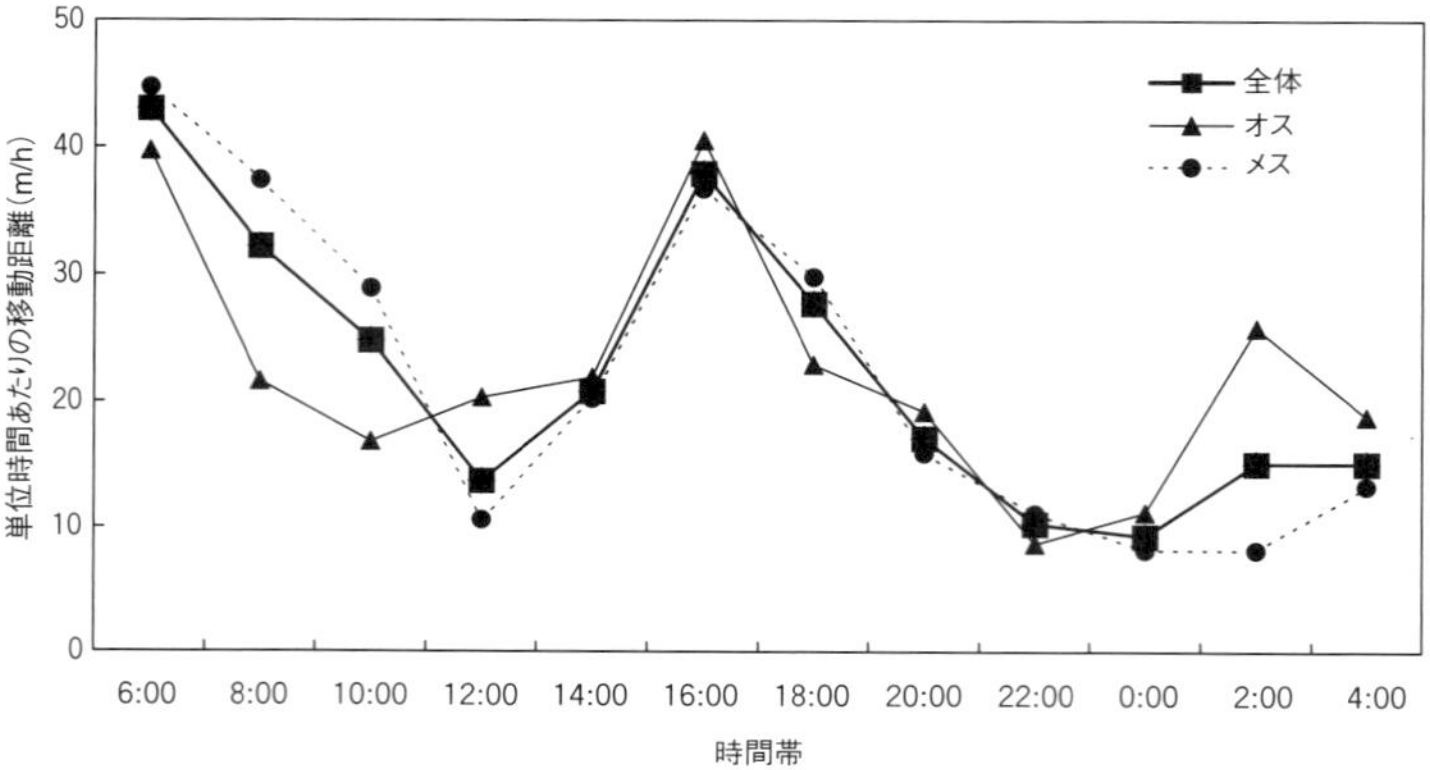

図2・6　1日におけるマメジカの移動度

トがあれば、激しい雷雨、蚊あるいは体長一ミリメートルほどのヌカカにも悩まされることもなく休むことができる。ただし、当初、現地で購入した格安テントは網の目が粗かったため大量のヌカカが容易に進入したり、さらに雨漏りがひどかったりと問題は尽きなかった。現地でも大抵のものは手に入るが、失敗することも多いので注意が必要である。仮眠を取る時は、寝すごさないよう、外に音がもれないイヤホン型のアラームを耳につけた。

行動追跡を続けて行く内に、マメジカの一日の行動パターンが少しずつ分かってきた。単位時間あたりの移動距離を見ると、明るい時間帯が暗い時間帯に比べて移動度が高く、もっとも移動度が高いのは、朝方と午後一五時以降、移動度が低いのは日中と夜だった（図2・6）。捕獲の時間帯でも疑問を感じたように、ここでもマメジカの夜行性という従来の説に疑問を感じるようになった。マメジカの行動パターンが把握できるようになると、以前よりもずっと効率的に調査をすることができた。何より、夜間はほとんど動かないことが分かったので、夜中に歩き回る必要もなくなった。

そこで、直接観察された個体の行動を、活動的行動（歩行・採食）と休息的行動（隠れる・休息）の二つに大別し整理した。すると、明るい時間帯（五〜一九時）は活動的行動、暗い時間帯（一九〜五時）は休息的行動が多く観察された。

しかし、野外での直接観察に限界を感じていたので、飼育個体の行動を観察したいと思った。そこで、共同研究者のエドウィンさんに、知り合いのマメジカファームのオーナーを紹介してもらった。マメジカファームは、二次林の丘の一部（二ヘクタールほど）に柵を張っただけで、ほぼ半野生状態のマメジカが一〇〇頭前後も飼育されていた。柵内には、東屋風の小さな隠れ家が散在し、所々に水飲み場が設置されている。マメジカたちは、東屋の中から私のようすをうかがっていた。私は、二四時間、二時間ごとに決まったルートを三〇分ほどかけてゆっくりと歩き、遭遇したマメジカの行動を記録していった。その結果、明るい時間帯は、遭遇率が低く、マメジカが警戒しながら東屋と東屋の短い距離をチョコチョコ移動しながら採食や交尾を行う活動的な行動を観察した。一方、暗い時間帯は、遭遇率は高いが座り込みという休息的な行動を多く観察した。また、朝方と夕方は大きな移動をする個体を多く観察した。このように、飼育個体の一日の行動パターンは、野生個体によく類似しており、さらに、移動度の低い日中と夜間の行動は、その内容が大きく異なるということが分かった。

以上、発信機による野生個体の行動追跡と野生・飼育両個体の行動の直接観察から、マメジカは、これまで信じられていたような夜行性ではなく、むしろ明るい時間帯に活発に動き回るという昼行性の傾向が強いということが分かった。それでは、そのような活動・休息時は、どのような環境を利用しているのだろうか。そこで次に、行動圏内にある環境を大別し、どの環境に多くいるのかを調べた。

一日をどこですごしているのか?

動物が、動き回る範囲を行動圏（ホームレンジ）という。動物の居場所を地図上におとしていくと、位置情報の増加に伴って、その一番外側のポイントを結んでできる多角形は大きさが安定してくる。そのような飽和した状態の多角形を一般に行動圏と見なしている。行動圏の中において、その環境の使い方は動物種によってさまざまである。最初は不規則に利用しているように見えるが、位置情報が増えてくると、居場所に偏りがでてくるようになり、利用環境に規則性があることに気づくだろう。そのような偏りのある場所は、動物が「何か」をしている場所であり、生態を理解するうえでも重要な場所の一つと考えられる。

長期追跡できた六個体（オス三個体、メス三個体）の行動圏の大きさを調べたところ、五ヘクタール（二〇〇×二五〇メートル）前後であることが分かった（ただし、雌雄で多少異なり、オスの方がメスに比べてサイズがやや大きい傾向がある）。次に、行動圏に含まれる環境を大別し、昼夜における居場所を調べた。その際、居場所の期待値と実測値の差を調べ、その差が大きい場合は利用に偏りがあると統計学的に判定する。まず、尾根と低地の二つの環境の利用について調べた結果、昼間は低地を、夜間は尾根を利用する傾向が高いことが分かった。ついで、林冠が開いた環境（倒木などによりでき、林冠ギャップと

図2・7　林冠ギャップ

よばれる：図2・7）と林冠が閉じた環境間における利用について調べた結果、昼間は林冠ギャップを、夜間は林冠が閉じた（林床は開けている）環境を利用する傾向が高いことが分かった。林冠ギャップが、低地に位置していることを考慮すると、マメジカは、昼間は低地の林冠ギャップの中ですごし、夜間は尾根の林床が開けた環境ですごしていることがうかがえた。そして、もっとも移動度の高い午前と午後は、食物を探しながらの昼夜に利用する二つの環境間を移動していると考えることができるだろう。

活動度の高い昼間に利用される林冠ギャップとは、どのような環境であろうか。一般に、林冠ギャップなどの撹乱された環境には、パイオニア種とよばれる植物群が繁茂する。パイオニア種は、強い光を必要とする植物で、その光をめぐる他種との競争に勝つために、コストを成長にかけ、捕食者に食べられないようにするための対抗手段、「不味くしたり毒

図2・8　マメジカの休息姿勢

を作ったりする化学的防衛」や「硬くしたり刺を作ったりする物理的防衛」にコストをあまりかけないため、多くの植食性動物にとっては食べやすい食物資源である。さらに、開花、展葉、結実の季節性が明瞭でないため、一年中供給される。このことは、林冠ギャップという環境が、マメジカにとって重要な食物資源の宝庫であることを示唆している。

一方夜間は、風通しの良い尾根に移動し、座り込んで休息していることが分かった（図2・8）。発信機のシグナルの強さでいることを確認した後、その方向にライトを照らすと、満月のように彼らの目が光を反射して遠くからでも存在を確認することができた。また、その場所は個体によって大体決まっていた。ある日、より近くで観察したいと思い、ちょうど「ダルマさんが転んだ」のように近づいては止まりを繰り返し、少しずつ近づいて行った。そして、相手が良く見える距離まで接近したあと、静かに座りこんだ。するとその個体は、耳を左右にクルクル動かして周辺のようすをうかがうものの、その場に足を折りたたんで座ったまま反芻を繰り返した。昼間ならすぐに逃げ去ってしまうのであるが、夜間はあきらかに違っていた。すると突然、近くの木の上で寝ていたオランウータンが目を覚まし、警戒音をだしながら枝を落としてきたのである。折られた枝は大きな音をたてて地面にぶつかった。しかし、マメジカは、驚くようすも見せず座ったままだったのである。その一方で、私が時々たてる「パキパキッ」という枝葉を踏む音には反応し、その方向に耳を動かすのだった。高い音には非常に敏感で、警戒を高めるのである。

一見無防備に見える夜間の「座り込み行動」は、何を意味するのであろうか。被食者にとって、捕食者の存在を知ること、捕食者から逃げることや隠れることは重要である。それを考慮すると、マメジカにとって、開けた環境の方が閉じた環境よりも、「視覚、聴覚、嗅覚」の面で情報を得ることができ、さらにどの方向へも逃げることができると考えられる。また、じっとして動かないということが、捕食者から隠れることになっているとはいえないだろうか。実際、マメジカの体色は、林床においてひじょうにめだちにくい。さらに、カラー写真をモノクロにすると、その姿はますますめだたなくなる。マメジカの天敵は、夜行性のヘビ類、ネコ類、ジャコウネコ類などである。夜間林床の開けた場所において、林床と同系色かつ動かないマメジカは、捕食者にとってめだたない存在なのだろう（Matsubayashi *et al.*, 2003）。

何を食べているのか？

発信機による行動追跡は、マメジカの直接観察にも役立つ。シグナルが強い時は、その方向へ近づいたり、その場に止まったりすることで追跡個体に遭遇することがあった。ある日、マメジカが昼間よくすごす場所へシグナル音を頼りに入ってみると、そこにはビヌワン（*Binuang, Octomeles smatrana*）とよばれる中高木があり、周辺には緑色の落ち葉が散乱していた。「ガサッ」という音がしたのでしばらくじっとしてあたりのようすをうかがうと、茂みの中からマメジカが抜き足差し足しながら現れ、ビヌアンの落ち葉を食べ始めたのである。顔が隠れるほどの大きな葉っぱを一途にほお張る姿は印象的だった。またある日は、尾根で発信機のシグナルを探していると、マメジカが近づいて来るのが分かった。しばらくその場に立ち尽くすと、マメジカがひょこひょこと現れた。すると不思議なことに、その個体は立ち去らず、むしろ私の周りを早歩きをしながら回りだしたのである。そして、「？」と思った瞬間、私の足元に生えていた白いキノコをパクパクと食べ始めたのである。貴重な証拠がなくなると思い手を伸ばすと同時に、マメジカは頭を低くしてスタタタッと走り去ってしまった。

しかし、野生のマメジカの採食行動を直接観察することはとても稀であった。そのため、マメジカファームの飼育個体の採食行動、さらにファームから譲り受けた個体をセピロクで屋外飼育し、森の中でマメジカの届く範囲にある実生や枝葉を与えた際の行動なども並行して観察することにした（図２・９）。その結果、落下果実はもちろん、パイオニア種の若葉やフタバガキの実生の新葉など、さらに、その放飼場内に生えるララン（第１章参照）などのパイオニア種のすでに変色した落ち葉もよく食べることが分かった。マメジカの採食実験については、安田ほか（二〇〇八）が詳しいので参照されたい。

マメジカにとって、イチジクなどの果実は確かに重要な食物資源である。しかし、マメジカの小さな行

図2・9　採食実験の様子

動圏を考えると、それらは常に存在するものではない。他方、落ち葉が食物であるという視点で生息環境を見直すと、それはいつでも豊富に存在する安定した資源であることに気づく。

マメジカ以外の植食性哺乳類はどのような植物を食べているのだろうか。セピロクで飼育されていたスマトラサイは、いつもパイオニア樹種の木の葉がエサだった。サバ州のタビン野生生物保護区で調査された、樹上性のホースリーフモンキー（ボルネオ島固有種で木の葉を好んで食べるサルの一種）の生態研究によれば、数あるエサ植物の中でもおもに採食していたのは、パイオニア樹種のアカネ科のラランと林縁や林冠ギャップに生えるマメ科の蔓植物（*Spatholobus hirsutus*）だったという（Mitchell, 1994）。やはり、マメジカをはじめ植食性の哺乳類は、地上・樹上性に限らず、撹乱環境に生えるパイオニア植物を食物資源として選択する傾向があるようだ。

なわばりをもつマメジカ

調査期間中、六六回、合計七〇頭のマメジカを目撃した。そのうち、一頭の目撃は六二回あり、全体の九四パーセントを占めた。二頭の目撃は残りの四回で六パーセントを占めているにすぎなかった。この結果から、セピロクのマメジカは単独性が強いことが分かった。そしてその繁殖システム（婚姻形態）は、一夫一妻を基本としつつも条件によっては一夫多妻になりうるというものだった（Matsubayashi *et al.*, 2006）。ここでは、単独行動をとるマメジカの「なわばり」の存在とその意義について紹介する。

行動圏の中でもよく利用する場所をコアエリアとよび、コアエリアの重なりから、個体間の関係すなわち「社会」も少しずつ見えてくる。マメジカについて調べたところ、異性間のコアエリアの重なりは大きいが、オス同士あるいはメス同士といった同性間のコアエリアの重なりは小さいことが分かった。

コアエリアの重なるオスとメスは、普段は別々に行動しているが時々接触することもあった。しかし、野生個体の行動追跡からは接触時に何が行われているかを知ることができなかった。そのため飼育個体の行動を観察した結果、オスとメスが接触した際に、オスがメスの臀部に下顎間腺（オスの下顎の中央部に発達する臭腺）を押しつけてマーキングしていることが分かった。実際、単独行動していたメスの臀部にはオスによるマーキングの際にも犬歯で傷つけられたような痕が確認された。したがって、ふだんオスとメスは各々単独行動をとりながらも、短い接触時にオスがメスに対してマーキングを行うことがあると考えられた。

さらに、オスとメスは時として二四時間以上にわたり一緒に動き回ること（随伴行動）もあった。長時間の随伴行動はファームの飼育個体でも直接観察することができ、オスがメスの後を執拗に追いかけながら、メスの臀部に下顎間腺を押しあて、その後交尾をするという行動を繰り返していた。このことから、野生個体においても、オスはメスと接触した際にマーキングを行い、メスが発情しているのを確認した場合には、そのまま随伴行動をとって交尾を繰り返すと考えられる。また，同性間については，野生個体では接触が少なく良く分からなかったが，飼育個体ではオスが犬歯を見せて他のオスを追い払う行動が観察された。

以上の結果から、マメジカは、同性に対する排他的な「なわばり」をもつことがあきらかとなった。なわばりの意義についてみると、同性間についてみると、夜間の休息場所は互いに接近しているのに対して、昼間の活動場所になわばりが認められることから、食物資源を防衛する「採食なわばり」であると考えられた。また、オスがメスに対して直接マーキングをしたり、他のオスに対して追い払いをしたりすることから、オスにとっては、他のオスからメスを防衛する「繁殖なわばり」の意味もあるのだろう。

マメジカに限らず、熱帯雨林の地上性哺乳類は、林床植生が生い茂るため野外での直接観察がとても難しい。直接観察が難しい動物を対象とする場合は、野外調査と並行して飼育個体の行動をよく観察し、双方の結果を組み合わせることで、行動のもつ意味を理解していくことが重要である。

見えてきたマメジカの生態

森の中での野生個体の発信機追跡と直接観察、そして飼育個体の直接観察をすることで、マメジカが森の中でどんな生活をしているのかがようやく見えてきた。マメジカは、これまで夜行性と言われてきたが、むしろ昼行性の傾向が強く、昼間は林冠ギャップで休息と採食を繰り返し、夜間は尾根や道などの開けた場所に座り込んで休息することが分かった。そのような人目につきやすい場所で夜間休息するため、夜行性と誤解されていたのだろう。昼間の活動拠点である林冠ギャップは、落ち葉をはじめ安定した食物資源を供給するだけでなく、捕食者からの隠れ家にもなる。さらに、競合するサンバーやホエジカなど他の有蹄類はマメジカよりも体が大きく、障害物が多い林冠ギャップ内部には進入することが難しいため、小さなマメジカはそのような環境を一人占めすることができるのだろう。そして、もっとも移動度の高い、明け方から正午前と夕暮れ前後は、昼夜の利用環境間の移動と同時に、行動圏内にある落下果実などの新たな食物の探索を行っていると考えられた。

ここで紹介した話はマメジカの基礎的な生態情報である。しかし、それ以前はきちんと把握されておらず、印象だけで語られてきた節がある。あたりまえのように本で紹介されているような情報もきちんと調べてみると間違っていることもあるのだ。これはマメジカに限ったことではない。熱帯雨林に生息する哺乳類（とくに地上性哺乳類）は、複雑に入り組んだ林床植生、さまざまな寄生生物、雨季の集中豪雨など、調査環境が悪いために生態研究がひじょうに少ない。フィールドでの野生動物の生態調査は、地道な調査の積み重ねで、すぐに答えが見つかるわけではない。しかし、動物の基本生態を正しく把握することは、その生態系の仕組みの理解や保全につながる必要不可欠なことの一つである。

同じ森にいる二種のマメジカ

ヒメマメジカとオオマメジカ

ボルネオ島には、二種のマメジカが生息している。ヒメマメジカ（*Tragulus kanchil*）とオオマメジカ（*Tragulus napu*）である。前者は、二キログラム前後で、後者は四キログラム前後である。横からの外貌は、ヒメマメジカは首の白いラインが連続した一本なのに対して、オオマメジカは顎のつけ根で一度切れ、その下から再び白いラインが出るため二本見える。また、体色は、ヒメマメジカが茶色、オオマメジカは山吹色かつ薄黒い縦縞がはいる。さらに大きな違いは顔つきで、オオマメジカの顔には隈取りがある（図2・10）。この二種は同所的に生息していると言われる。野生生物局のスタッフによれば、セピロクにも二種が生息しているとのことだが、捕獲したのはヒメマメジカだけだった。なぜオオマメジカが捕まらないのだろうか。二種は森の中でどのように共存しているのだろうか。以前、スタッフから、二種類のマメジカが生息していることを聞いていたタビン野生生物保護区を調査地にして、同所性について調べることにした。また、セピロクで得られた結果の中で、ヒメマメジカは夜行性ではないことがあきらかになった

図2・10　ヒメマメジカ（上）とオオマメジカ（下）

が、他の研究者から本当なのかと何度も聞かれることがあった。動物は生息する地域環境によって行動が異なることがあるため、再検証の必要性を感じていた。そこで、この結果についてタビンで再検証することで普遍性を示したいと考えた。

タビン野生生物保護区へ

タビン野生生物保護区（以下、タビン）は、スマトラサイ、バンテン、アジアゾウを保護する目的で、一九八四年に保護区に指定された総面積一二万ヘクタールの広大な森林である（第1章図1・3）。大部分は過去に伐採された二次林であるが、コアエリアとよばれている保護区中心部には八八〇〇ヘクタールの原生林も残っている。スマトラサイは、人の影響が少ない（人が入りにくい）コアエリア周辺に数頭生息していると推測されている。タビンは、最寄り町のラハダトゥから車で一時間ほどの比較的アクセスしやすい保護区で、野生生物局により保護されたオランウータンやアジアゾウなどの放獣、研究・教育に加えて、最近ではエコツーリズムにも利用されている。またタビンには、マッドボルケーノ（泥火山：第3章参照）とよばれるミネラルに富んだ泥が噴出する場所が複数あることで知られている。

余談であるが、保護区西側の林縁部分にある野生生物局のベースキャンプからコアエリアまでは二〇キロメートル以上ある。当時コアエリアへは、橋が所々落ちた伐採道路で結ばれており、徒歩でしか入れない状態だった。ある日、コアエリアのマッドボルケーノにスマトラサイの足跡があることを聞き見に行ったことがある。暗いうちは問題ないものの、太陽が昇ると日陰のない伐採道路は地獄と化した。しかもようやくたどり着いたマッドボルケーノに痕跡はなかった。翌日ヘトヘトでベースキャンプに戻る途中には、アジアゾウの群れに行く手を阻まれる始末。奇声を発しながら追い払ってなんとか突破し、無事帰ることができた。後日改めてスタッフに聞くと、マッドボルケーノではなくその周辺だと笑いながら答える。どれだけの範囲を周辺というのか、やられたと思う。現地の人は、おおげさに物事を表現することが多々あるので、注意が必要である。

センサーカメラでマメジカの行動を観る

タビンでは、おもにセンサーカメラによるカメラトラップ調査を行った。直接観察がとても難しい熱帯林に生息する哺乳類調査にはひじょうに有効である。九七年に半島のパソ森林保護区で調査アシスタントをしていた際にも扱っていたが、一眼レフカメラに外付けの赤外線センサーを連結させるというもので重く、しかも高額だった。それが、五年後には小型のポケットカメラ一台になり持ち運びが便利で価格も三万円ほどまで下がった（今ではデジタルが主流である）。センサーカメラは撮影時刻が記録されるので、これを異なる環境下に設置して、二種のマメジカの撮影頻度と撮影時刻を調べることにした。

激しい伐採を受け、林床が混み合う未成熟な二次林に二ヶ所、それほど強い伐採は受けていない林床が開けた成熟した二次林に一ヶ所の計三ヶ所の調査区を設けた。その結果、撮影頻度については、未成熟な二次林にヒメマメジカが多く、成熟した二次林にはオオマメジカが多いという傾向があった。また、撮影時間帯については、ヒメマメジカは明るい時間帯での撮影が多く、オオマメジカは昼夜共に撮影された。

ヒメマメジカについては昼行性が強い傾向を示し、オオマメジカについては昼夜を通じて緩やかに活動と休息を繰り返す傾向が見えた。これらの結果から、ヒメマメジカとオオマメジカは同所的に生息していると言われるが、森の中における生息環境は完全には重複しているわけではないこと、さらに活動時間にもずれがあること、すなわち時間と空間で棲み分ける傾向があることが示唆された（Matsubayashi *et al.*, 2005）。ただし、カメラの設置期間は三ヶ月と短く設置場所も少ないため、より長期間にわたって多地点での調査をすること、行動追跡からも両種の関係を観ることが今後の課題となった。一方、ヒメマメジカの撮影時刻については、おもに明るい時間帯に活動し、暗い時間帯に休息するというセピロクで得られた活動日周パターンを支持する結果だったため、ホッと胸をなでおろした。

コラム　学生の頃の話2 ―オーバーステイ―

年末に帰国しようとした時の話。午前三時、眠い目をこすりながらコタキナバル空港の出入国審査カウンターにパスポートを提出した。普段より時間がかかり、パスポートが戻ってこない。するとその職員の口から思いもよらぬ言葉が。

「あなたは出国できません。オーバーステイしているので、入国管理局へ行きなさい。」

一気に目が覚めた。その時は三ヶ月以内の滞在で、通常観光客が滞在できる日数以内だったはず。驚いてパスポートを見ると、汚くて読みにくい字で確かに滞在期限が書かれていた。それは調査許可の期限日だったのである。調査許可は毎年更新する必要があるのだが、私はその期限日をすっかり忘れていたのだった。明るくなるのを待って町の入国管理局へ行った。そこで言われたのが

「あなたはオーバーステイをしたので（不法長期滞在者なので）、罰金一〇〇〇リンギット（約三万円）を払いなさい。」

ということだった。

驚いた私はとっさに

「あの、この滞在期限の数字が読めますか。汚くて読めませんでした。」

「私は学生でお金がありません。罰金、できれば安くなりませんか。」

今思うとありえないお願いである。しかし、生活費を切り詰めて調査費にまわすような貧乏学生にとって三万円は大金だった。

するとその職員は軽く頷き、他の職員たちと相談をはじめる。そして、

「野生生物局へ行って、事情を説明するレターを提出すれば、七〇〇リンギットにします。」

えっ、その数字はどこから？と思いながら、昼すぎに野生生物局へ行き、状況を説明してレターをもらい、午後入国管理局に戻った。すると、さっきとは違う職員が、違うレターが必要だと言いだす。罰金が払えないのなら監獄に入れと怒る職員もいた。年内の帰国は無理かもしれないと不安になった。翌朝、再び野生生物局へ行き、レターを作ってもらい、午後、入国管理局に行く。局長と面会することになり、立派な部屋の扉の前で夕方まで待っていると、秘書と思われる女性が手まねきで私をよび、一言。

「ユーアー、ベリー、ラッキー！」

意味が分からぬまま局長と面会した。

「申し訳ありませんでした。調査に夢中になって、滞在期限のことをすっかり忘れていました。」

とにかく謝罪する。すると局長は、

「今回はお目にみよう。次回からは気をつけなさい。ただし、パスポートの期限も近いので日本領事館へ行って更新してきなさい。」

つづけて、

「今日はクアラルンプールにいる息子が帰ってくるので、これで失礼する。」

と言い残してその場を去った。自分の息子と私を重ね合わせ、特別な計らいをしてくれたのかもしれない。

私は、ただただ感謝の言葉を局長と秘書の方に繰り返した。翌日、日本領事館へ行き事情を説明すると、特別にすぐパスポートを更新してもらえた。また帰国便の手配は、マレーシア航空のチケットカウンターの友達が臨機応変に対応してくれたので、年内に帰国することができた。更新した一〇年パスポートには、憔悴しきった顔写真が貼られ、それを見るたびに当時の事を思いだす。

熱帯雨林での年越し

タビンに滞在中、ベースキャンプ近くのマッドボルケーノで年を越したことがある。そこに来る動物を観たかったのと、二週間後に迫った帰国を前に今後の身の振り方について考えようと思ったからである。当時、マッドボルケーノの傍には動物観察用の観察塔が建設中で、まだ一階部分しかなかった。私はそこにテントを張り、とりとめのないことを考えながら動物を待った。結局、動物の方はサンバーの鳴き声が聞こえただけだったが、雨季にもかかわらず、満天の星空を仰ぎながら新年を迎えることができた。そして早朝、マッドボルケーノの中心で新年のあいさつを絶叫した後、トボトボと宿舎へと戻った。学位を取得したばかりの先が見えない不安な時期、そんな時間をすごしたマッドボルケーノは、私にとっては思い出深い場所の一つとなっている。

タビンを去る頃は、熱帯雨林で野生動物の生態研究を続けるのは無理かもしれないと考え始めていたものの、帰国後間もなく状況は一変した。以前、セピロクにある森林局の長屋で偶然お会いした当時森林総合研究所の（現 京都大学）北山兼弘先生から、サバ州のデラマコット商業林で新しいプロジェクトが始まるので哺乳類担当者兼現地調整員として参加しないかというのである。私は、渡りに船とばかりに飛び乗った。

第3章
野生動物が集まるふしぎな湧水“塩場”

人と野生動物が利用してきた塩場

塩場とは

塩場（しおば）とは、湧水や土壌中に多量のミネラル類を含んだ環境の総称で、天然のミネラル源である。植物と動物では、必要なミネラル類が異なるため、植物を主食とする植食性哺乳類は、必要なミネラル類のすべてを食物から摂取することができない。とくにナトリウムは、動物にとって体液浸透圧のバランス維持や神経伝達を行う上で欠くことのできないミネラルの一つであるが、植物にとって重要ではないため、植物体にはほとんど含まれていない。そのため植食性の動物は、食物以外からナトリウムを積極的に摂取する必要があり、そのようなミネラル源の一つに塩場がある。

塩場の機能は、ミネラル類の供給だけではない。粘土質の土壌あるいはそれが飽和状態にある湧水を摂取することにより、植物に含まれるアルカロイド類（二次代謝産物で動物にとっては毒として働く場合がある）の吸着と体外への排出という「解毒」、あるいはナトリウムやカルシウムなどを多量に含んだ水はアルカリ性を示すため、動物の体が酸性に傾くアシドーシス（酸血症）の「中和」なども考えられている。おそらく複合的に働いている、あるいは種によって目的が異なると考えられるが、動物にとって塩場は、生理的に重要な環境の一つであることに変わりはない。塩場の研究は、高緯度地域では欧米で、熱帯地域では南米アマゾンと中央アフリカで、有蹄類や霊長類などによる利用について詳細な研究が報告されてきた。しかし、東南アジア熱帯雨林では、ほとんど研究例がなかった。

私が塩場を知ったのは、中高生の頃に愛読していた動物雑誌『アニマ』（平凡社）で紹介されていた「南米の塩場（サラオ）」に関する記事や『アマゾン動物記』（どうぶつ社）を読んだのがきっかけである。どちらも当時宮城教育大学の伊澤紘生先生が書かれたものだ。サラオは、さまざまな有蹄類や霊長類が利用するという、まさに賑やかな熱帯雨林を代表するような場所としての印象を受けたのを覚えている。一九九七年にはじめて半島マレーシアのパソ森林保護区へ行った時も、東南アジアの哺乳類による塩場利用が気になり、家畜用の大きな鉱塩ブロックをザックに入れて入国した。鉱塩に誘引される動物を調べてみたが、ブタオザルとアオバトが写った程度で、豪雨により鉱塩はみるみる小さくなってしまった。

マッドボルケーノとアジアゾウ

それから五年後、天然の塩場のおもしろさを間近で見る機会に恵まれた。それは、「マッドボルケーノ」とよばれる火山性の塩場があるタビン野生生物保護区（以下、タビン）に滞在した時のことだ（タビン野生生物保護区については第2章を参照）。タビンには複数のマッドボルケーノが存在し、野生生物局のベースキャンプから二キロメートルほど北にあるそれは、森の中に突然現れる。直径が一〇〇メートルほどの開けた場所で、中央部が緩やかに隆起しており、その数ヶ所からはミネラル類を多量に含んだ泥が「ボコッ、ボコッ」と噴き出している（図3・1）。

タビンに滞在して間もないある日、森を抜けてマッドボルケーノに出ようとした時、遠くに灰色の大き

図3・1　マッドボルケーノ

な岩のようなものが動くのが見えた。アジアゾウである（図3・2）。私は立ち木の陰に隠れ、しばらく息を潜めて観察した。子ゾウがオトナメスに寄り添いながら歩き回る姿は、なんとも平和な光景であった。彼らが立ち去った後、私はマッドボルケーノ脇の地べたに座り、ゾウの余韻に浸っていた。その時のことである。先ほどの子連れゾウが、再び現れたのだ（しかも子ゾウが一頭増えている！）。ゾウのメスは母系社会を形成するため、群れ単位で行動する（第4章図4・6）。おそらく、先ほども他にもオトナやコドモがいたのだが、目の前の二頭に気をとられ、気づかなかったのだろう。私はその場でカメラを構えた。すると、好奇心の強い子ゾウが私に気づき、オトナを引き連れて、ゆっくりと近づいてきたのである。耳を大きく広げ、鼻を上げ鼻息荒くニオイを嗅ぎながら向かってくる。シャッターを数回切ったが、あまりにも近づいてくるので、私は逃げるタイミングを失って動けなくなってしまった。心臓はバクバクと鼓動し、

図3・2　マッドボルケーノを訪れたアジアゾウの親子

体が震えてきた。相手を驚かしてはまずいと思い、息を殺してその場にうずくまっていると、ゾウたちは、目の前数メートルをゆっくりと弾むように歩き去っていった。ゾウとの遭遇で、あれほど接近したのはそれ以降ない。今思うと夢のような時間ではあった。マッドボルケーノでは、その後も何度かゾウに会った。「パァオッ！！」というもの凄い破裂音は腹に響く。相手を威嚇すると同時に仲間に危険を知らせている。そのような時は、彼らの邪魔をしないよう静かに道を引き返した。

ゾウ以外でよく遭遇したのは、ヒゲイノシシの群れである（図3・3）。また姿はあまり見かけなかったが、オランウータンの「ンンォ、ンンォ」といううめき声のような遠吠えもときどき耳にした。私がよく訪れたマッドボルケーノは幹線道路から七〇〇メートル弱で、保護区西部の林縁近くに位置し、その西側には、広大なアブラヤシプランテーションが広がっている。人間活動が高く生息環境としては不向きである場所にも関わらず、

図3・3　マッドボルケーノを訪れたヒゲイノシシの群れ

動物の気配が非常に強いのは、マッドボルケーノという塩場が影響しているのだろうか。当時は、マメジカの生態調査を目的として滞在していたが、ボルネオ島の動物の塩場利用についても詳しく調べたいと強く思った。

デラマコット商業林へ

マッドボルケーノは、動物の痕跡が多くとても興味深い。しかし、その規模が大きすぎるため、そこを利用する哺乳類相を把握することは困難であった。もっと小規模ならなんとかなるのになぁ。そんなことを頭の隅に置きながら、二〇〇三年からは、新しい調査地へと移ることになった。サバ州の中央部、キナバタンガン河上流域に位置するデラマコット商業林である（第1章図1・3）。

デラマコット商業林は、総面積五万五〇八三ヘクタール、大部分が過去に伐採を受けた二次林で、五万一千ヘクタールの伐採区と四千ヘクタールの保護区から構成されている。周辺植生や土壌などの環境へ与える負荷を抑えた低インパクト伐採という伐採法を採用し、持続的な森林利用が進められており、一九九七年には、国際森林認証機関である森林管理協議会（Forest Stewardship Council, FSC）から、東南アジアではじめて認証を受けた森林のため、熱帯林管理のモデル林として注目されている。森林全体を一三四の区画に分け、年に二、三の区画から択伐し、五〇年前後で一周させることにより持続的な森林利用を行っている。

その伐採方法は、徹底して管理されている。たとえば、対象伐採区で資源量調査を行い、その結果は五千分の一地形図上に記録される。伐採木は、胸高直径六〇――一二〇センチメートルを対象とし、それ以下は次世代の伐採対象木、それ以上は種子供給源の母樹として残される。そして、伐採木の倒す方向や伐採木の搬出経路は、他の木を極力巻き込まないよう決められる。切株と伐採木には、同一の認識番号が刻まれ、帳簿に記録される。さらに伐採後は、在来種の植樹や蔓などの競合植生の除去も行われている。以上の工程を含めた森林の管理運営は、伐採区画ごとに第三者機関に細かく審査され、認証継続の是非が決まる。審査では、帳簿上の認識番号を持つ切株が実際に現場に残されているかどうかなども調べられる。低インパクト伐採による森林管理は、もともとドイツ政府の協力により始まったが、現在はマレーシア政府によって遂行されている（Lagan *et al.*, 2007）。このような行程を経て製造される製品には、ＦＳＣ認証のロゴマーク（図３・４）が入る。環境問題を意識した消費者は、価格が多少高くても認証された製品を購入するため、現地では伐採量を制限しても利益を得ることができる。

図３・４　FSCのロゴマークはその森林がFSC森林管理協議会の規程に基づいて認証されていることを意味する

以上のような低インパクト伐採の有効性を科学的に検証すること、より適切な森林管理の提案を目的として、そのプロジェクトは始まった。

動物が集まる場所「タガイ」

プロジェクトの共通課題は、デラマコットの森林管理法の有効性を検証するために、伐採強度の違いが生物相にどのような影響を与えるのか把握するというものだった。私は哺乳類を調査対象として、デラマコットに隣接する無計画に伐採されてきた森との比較を担当したのだが、その課題と並行して、哺乳類による塩場利用を調べたいと考えた。

まず、デラマコットのスタッフやデラマコット周辺で生活する村人たちに「動物が多い場所、動物が集まる場所」がないかどうか聞いてみた。すると、「タガイ（Tagai）」とよばれる場所があり、そこには「アイル・マシン（塩辛い水）」があるという。そういった場所は、同じサバ州の他地域、たとえばキナバル山周辺では「トボボン（Tobobon）」といい、呼び名は地域により異なるけれども、動物が利用する場所として地元の人たちに共通して認識されていることが分かった。

スタッフの案内でたどり着いた場所は、あきらかにタビンで見たマッドボルケーノとはかなり異なっていた。水深はわずか数センチメートルほどしかない、一見ただの水溜りなのである（図3・5a、b）。しかし、この水は湧水のため枯れないのだという。また、漂う獣臭や足跡の多さは、そこが普通の水溜りではないことを物語っていた。サバ州森林局の森林研究所のNoreen博士に、タガイの水の主要ミネラル類（ナトリウム、カルシウム、マグネシウム、カリウム）を分析してもらったところ、四種類すべてのミネラル類が周辺の小川の水に比べて一〇から一〇〇倍高く、場所によってナトリウム濃度が三〇〇倍以上高いところもあった。やはりタガイは塩場なのである。その後も塩場がいくつか見つかり、ナトリウムが極端に高く海水と同じくらい塩辛い塩場もあった。塩場といっても場所によってミネラル濃度に差があり、その大きさは、ほとんどが洗面器ほどの小さいものであるが、中には直径一〇メートル以上の大きいものもあった。

塩場に似た環境の一つにヌタ場がある。そこは粘土質土壌の水溜りで、動物が体に着いた寄生虫を落とすため、あるいは体温を下げるために利用すると考えられる泥浴び場である（図3・6a）。周辺土壌は削り取られ、下部には水が溜まっているが、ミネラル類の濃度は高くない。キナバタンガン川周辺では、塩場はタガイ、ヌタ場はレラボウン（Lelaboun）とよばれ、二つは明確に区別されている。

図3・5　a）デラマコットの塩場　b）マルアの塩場

人と野生動物が利用してきた塩場

塩場は、野生動物だけでなく、過去には人間によっても利用されていた。内陸部で生活する人々にとって、塩を得ることが困難だった時代は、身近にある塩場から塩分を摂取するというやり方がごく日常的に行われていたという。ある場所では、中空になった鉄木（テツボク：クスノキ科の非常に硬い材の木）が、塩場に埋め込まれているのを今でも見ることができる（図3・6b）。これは、泥などが入りこまないようにして水を汲みやすくした工夫である。採水した水は一灯缶などで運び、火にかけて水を蒸発させて塩を得たり、あるいは料理をする際にその水を混ぜたりして使ったという。デラマコットの周辺に点在する村々では、そのようなやり方で塩を採る方法を七〇年代ごろまで続けていたようだ。また塩場は、人が塩を得るためだけではなく、動物を捕獲する場所としても昔から利用されてきた。塩場にはサンバーという大型のシカがよく訪れる。そこで、塩場に柔らかいネットを張り、そこを通りぬけようとしたシカの角がネットに絡まることを利用した捕獲方法もある。塩場は人々の生活と密接に関わっていたのである。

余談であるが、私は、デラマコットのスタッフや村人とよく話をする。その中から動物や次に紹介する塩場に関する情報を教えてもらうのだが、親しくなればなるほど、興味深いことを教えてくれるようになる。長期フィールド調査では、現地の人々に自分を知ってもらうことがまず大事である。とくに塩場などのように地元猟師にとって重要な場所は、すぐには教えてもらえないだろう。野生動物の生態研究で効率的に調査を進めるには、現場に精通した地元の人たちと人間関係を構築することが、遠回りのようで一番

図３・６　a）ヌタ場　b）過去に人も利用していた塩場

の近道なのである。

コラム　言葉の問題

熱帯アジアの野生動物を知るうえで、現地の人々からの知識や経験にもとづく情報は欠かせない。そのためにも、まずは彼らの言葉を習得することが大事である。私がはじめてマレーシアへ行った時は、英語もマレー語もろくに話せず、片言の日常英会話で精いっぱいだった。中国人の英語は中国語に、インド人の英語はタミル語のように聞こえた。しかも現地の人は英語とマレー語を普通に混ぜて話すため、混乱したのを覚えている。調査地周辺の村人は、彼らの言語と公用語のマレー語を話す場合が多い。そのため、マレー語は必修であった。当時は、『トラベルマレーシア語会話手帳』（石井和子著、語研）という本を参考書にして、彼らにマレー語を教えてもらいながら、別売りのカセットテープを聞いて覚えた。最近では『旅の指差し会話帳⑮マレーシア』（戸加里康子著、情報センター出版局）という楽しい本があるので、おすすめである。いずれにしても、方言も多いので、市販本を参考に現地の言葉を教えてもらうといいだろう。

多くの独自の言語をもつ人々の共通言語として作りだされたマレー語やインドネシア語は文法がとてもシンプルで、敬語や丁寧語などもない。発音も聞きとりやすく話しやすいため、英語の発音に苦労させられる日本人にはとてもありがたい言語である。ただし、マレー語に慣れてしまうと、マレー語ばかり話すようになり、英語での会話能力が伸びないという不幸に陥るケースが多い。

塩場を利用する野生動物

デラマコットの中大型哺乳類相

「どんな動物が、どのくらいの頻度で、塩場を利用するのか？」を把握するためには、比較材料として、デラマコットにどんな動物が生息しているのかをまず把握する必要がある。当時デラマコットの哺乳類相に関する情報がなかったので、中大型哺乳類を対象として、センサーカメラ、ルートセンサス、そして聞きとりによって調べた。センサーカメラは、ケモノ道あるいは水場沿いにある立ち木の地上六〇センチメートル前後の高さにベルトで固定した。調査対象種は、赤外線（熱）センサーが確実に反応する体サイズが比較的大きい体重一キログラム以上の中大型種とした。

スマトラサイ以外の大型哺乳類、すなわちバンテン、アジアゾウ、オランウータン、ウンピョウ、マレーグマなどの生息はすでに確認されていた。とくに、バンテンはポストスマトラサイとよばれるほど個体数が少ない種で、狩猟圧の影響を強く受ける動物の一種と言われている。バンテンが生息しているということは、野生動物の生息環境としては比較的良好であることがうかがえた。そのため、サバ州の低地熱帯雨林で確認されている中大型種の内、スマトラサイ以外はほとんどいるのではないかと予想された。

二〇〇三―二〇〇五年の時点では、少なくとも三六種の中大型哺乳類を確認した。これはサバ州の低地熱帯雨林で確認されている対象種四七種のうち約八割に相当する。その後、京都大学大学院修士課程（当時）の小野口 剛さんや京都大学研究員の鮫島弘光さん、そしてWWF Malaysiaなどによって、プロジェクト開始当初の一〇倍以上、一〇〇台をこえる大量のセンサーカメラが設置され、より詳細な哺乳類相調査が実施された。その結果、ボルネオ島固有の絶滅危急種であるボルネオヤマネコ（Borneo bay cat, *Catopuma badia*）なども記録され、デラマコットの哺乳類相が豊富であることが再確認された。

どんな野生動物が塩場を利用するのか？

哺乳類の行動に影響を与えることなく塩場利用種を把握することは、直接観察では至難の業である。何より、熱帯雨林において、昼夜そして雨季乾季を通して長期間継続することは不可能に近い。そのような状況で、定期的に塩場訪問種を把握するのに有効なのは、やはりセンサーカメラである。利用動物種が把握しやすい比較的小規模な塩場を選び、そこにセンサーカメラを設置した。フィルムやバッテリーの交換は、二週間に一度行った。撮影された写真は、同一個体の重複を避けるため、三〇分を基本としてそれ以内に何枚撮影されても一枚として扱い、さらに、他種との比較をするため、一つのフレームに何頭撮影されても一枚として扱った。

センサーカメラ調査の結果、塩場では二九種が撮影された。当時デラマコットで確認した種の七八パーセントを占め、塩場周辺の種多様性が高いことが分かった。そして、訪問頻度が高い順に、上位五種はサンバー（図3・7）、ヒゲイノシシ、ヒメマメジカ、スカンクアナグマ、オランウータンだった。サンバー、ヒゲイノシシ、ヒメマメジカ、スカンクアナグマは、比較的個体密度が高い種である。しかし、サン

図３・７　塩場を訪問するサンバーのオス（上）と親子（下）

バーは、塩場訪問者の約四割を占め、塩場での撮影頻度は〇・三九六枚／日と、ケモノ道のもの（〇・〇〇五枚／日）に比べて八〇倍近くも高く、個体密度以外の要因が働いていると考えられた。また、オランウータンは、個体数が少ない絶滅危惧種で、地上利用の少ない樹上性種である。さらに、オランウータンよりも個体数が少ない野生ウシのバンテンやアジアゾウも上位に入っていた（図3・8）。これらのことから、塩場への訪問頻度の高さは、単に種の個体密度を反映しているだけでなく、それらの種の塩場への依存性の強さを示していると考えられる（Matsubayashi *et al.*, 2007a）。また、ケモノ道と塩場での動物の滞在時間は、あきらかに塩場の方が長く動物の塩場への執着を示していた。ちなみに、ほとんどの塩場の近くには小川が流れている。オランウータンが良く利用する塩場の一〇メートルほどのところに小川の水が溜まる場所があったが、そこを利用する姿は今のところ確認していない。単なる水場として塩場を利用しているわけではないことがうかがえる。

塩場ごとにみると上位訪問種は、順位の入れ替えはあっても基本的な傾向はあまり変わらない。ただし、ゾウが多い塩場やオランウータンが多い塩場といったように種によって偏った利用をしていることが分かった。この結果は、その種の特性を反映したものであると考えている。これについては現在調査中であるが、ミネラル濃度、湧水量、人為圧などの塩場周辺環境、利用種の生理特性、体サイズ、グループサイズ、食性などの利用種の特性によって利用しやすい塩場というのがあるようだ。

図３・８　塩場を訪問するアジアゾウ

いつ塩場に来るのか？

塩場でのセンサーカメラによる定点観測からは、塩場訪問種の訪問時刻やおおよその滞在時間を知ることができる。たとえば、デラマコットの塩場で確認された上位利用者のうち、有蹄類のヒゲイノシシ、ヒメマメジカ、ホエジカ、サンバー、そしてバンテン五種を対象としてその訪問時刻を調べたところ、ヒゲイノシシ、ヒメマメジカ、ホエジカは明るい時間帯、サンバーとバンテンは暗い時間帯での訪問が多かった。二種以上が同時に訪問することは少ないが、まれにサンバーとバンテン、あるいはヒゲイノシシとの混群も確認された。また滞在時間についてみると、多くの種は数分間と短いが、塩場の場所や時期によって違いが認められた。その違いが何に起因しているのかについては、現在調査中である。サンバーのように訪問が比較的安定している種やバンテンのように波のある種がおり、定住型や移動型といった生活史を反映していると考えられた。塩場を訪問する大型種の行動追跡は、塩場を含めた環境利用の解明とその生息地の保全を行う上で必要不可欠であろう。

なぜ塩場に来るのか？

ミネラル類濃度が異なる隣接した塩場でサンバーとヒゲイノシシの訪問頻度を調べたところ、両種ともに塩濃度が高い塩場をより高い頻度で訪問していることが分かった。このことは、この二種にとってミネラル類の補給が塩場訪問の大きな目的の一つであることを示している。また、南米における コウモリの塩場利用に関する研究では、ミネラル類の補給よりも、食物となる植物中に含まれる二次代謝産物の解毒のために塩場を利用するのではないかという報告もある（Voigt *et al*., 2008）。体サイズの小さなコウモリにとって、毒成分の蓄積は深刻な問題なのかも知れない。しかし、大型種は小型種に比べて毒への耐性が強く、サンバーやバンテンなどの反芻動物は、反芻過程においてルーメン微生物の働きにより二次代謝産物を無毒化していることが知られている。したがって、塩場の生理的な意義については、種によって利用目的の重みづけが異なるのだろう。

生態的な意義についてはどうだろうか。デラマコットに生息を確認した種と塩場で確認した種を、植食性、肉食性、雑食性といったおもな食性ごとに分類し、それらの割合をデラマコット全体と塩場で比較した。当初塩場訪問種は、植食性の動物に偏ると予想していたのだが、肉食性や雑食性の動物も多く確認され、デラマコット全体の食性の割合と類似していた。これは、何を意味するのであろうか。現時点で考えられることは、肉食や雑食の動物は、塩場を利用する動物を捕獲することを目的としているのではないかと考えられる。たとえば、塩場をもっとも頻繁に利用するサンバーやヒゲイノシシ、マメジカといった有蹄類、とくにその幼獣は、ウンピョウやベンガルヤマネコなどの格好の餌となる。さらに、塩場周辺は大型哺乳類の糞尿が多く、それらは糞虫などの昆虫類も惹きつけ、ミツバチやチョウの仲間は水そのものを飲みにやってくるため、それを捕食する動物も利用するだろう。また、今回は対象種としなかったが、舌をだしながら塩場の水面付近を飛翔するコウモリもよく撮影される。そしてまれに、コウモリの捕食者であるフクロウも撮影された。湧水量が非常に少ない場所であることから、フクロウは水浴び場としてよりも狩場として利用していることが示唆される。そして何より、人間もまた昔から塩場を狩場として利用してきた。これらを総合すると、塩場を中心に「食う—食われる」の関係という「食物網」が成立していると考えられる。これを実際に検証するためには、捕食者への発信機装着による行動追跡によって、塩場を含めた環境利用をあきらかにすることが必要であろう。

塩場利用の季節性

動物がさまざまな理由で塩場を訪問している可能性は分かったが、彼らは一年中同じように塩場を利用しているのであろうか。それとも、季節性や性差などはあるのだろうか。そこで、訪問頻度がもっとも高かったサンバーを対象に調べてみた。

サンバー（Sambar deer, *Rusa unicolor*）は、大型のシカ科の一種で、オスはメスよりも大きく一〇〇キログラムほどにもなる。分布域は、西はインド、北は台湾や中国南部、南はスマトラ島、そして東はボルネオ島と東南アジアに広く分布している。二〇〇八年のＩＵＣＮのレッドリストでは危急種（ＶＵ）、すなわち絶滅危惧種に指定されている。サバ州では、比較的個体数が多いと考えられるが狩猟圧の影響を受けやすく、地域により大きな偏りがある。

一年を雨の多い時期と少ない時期に二分し、各々における雌雄の訪問頻度を比較した。その結果、訪問頻度は、雌雄ともに乾季に比べて雨季に高い傾向を示し、その差はとくにメスで顕著だった。なぜ、季節によって訪問頻度が異なるのであろうか？　ボルネオ島では、サンバーの基礎生態情報がほとんどないが、ネパールでは雨季に出産のピークがあることから、ボルネオ島のサンバーも雨季に出産のピークがある可能性が高い。哺乳類では分娩後期から出産、泌乳期にかけてカルシウム要求量が急増することが報告されている。これらを考慮すると、サンバーによる塩場訪問の季節性は、メスの分娩のピークに伴うミネラル要求量の増加を反映したものではないかと考えている（Matsubayashi *et al.*, 2007b）。このことは、塩場の利用が、日常的なミネラル類の不足を補うというだけでなく、繁殖にも関わっていることを示唆していた。

これらの考察をより確かなものにするためには、ボルネオにおけるサンバーの繁殖生態をあきらかにすることが必要である。サンバーをもっとも効率的に検出できる場所、それはやはり塩場である。塩場に設置したセンサーカメラは、さまざまな情報を提供してくれる。たとえば、オスジカの角の状態は、繁殖との関わりが深く、繁殖期には枝角になり、それをすぎると落角する。カメラからは、ヌタ浴びをしたオスがメスにマウントするようすや、角の状態、落ちた状態（落角）、袋を被った角（袋角）、袋がない角（枝角）、さらに当歳子（その年に生れた個体）の有無などが分かる。また、塩場ではサンバーの糞を効率よく採集することができる。そのため、センサーカメラのデータと糞中ステロイドホルモン濃度をモニタリングすることで、ボルネオ島におけるサンバーの繁殖期をより正確に推定することができると考えられる。また、現地では猟期というものがなく、野生動物の密猟が絶えない。とくにサンバーは重要な狩猟対象種であり、突然の全面狩猟禁止で住民とのトラブルを招く地域もでている。サンバーの繁殖期をあきらかにすることは、狩猟の解禁時期の提案などにもつながるだろう。

オランウータンの塩場利用

本調査では、絶滅危惧種のオランウータンが高い頻度で塩場を訪問しているということが分かった（図3・9）。デラマコットのオランウータンは人を恐れながらも、塩場への執着は強い。ある日の夕方、塩場近くの木の上で動物観察をしていた時、ザザァーッという枝をわたる大きな音をたてながらオランウータンが近づいてきているのが分かった。しかし、私は見つかってしまったようで、ねばったものの降りてこなかった。後日、塩場に設置したカメラのフィルムを現像してみると、私が塩場を去った二〇分後ぐらい、あたりはうす暗く通常は巣で休む時間帯にも関わらず、大きなオスが塩場を訪問する姿が撮影されていた。私が戻って来ないと判断した時点で塩場に降りてきたのだろう。樹上性で地上を利用することが少ないと思われがちなオランウータンであるが、彼らはなぜ塩場をよく利用するのだろうか。

これまでに塩場では、頬が肥大し体の大きい優位オス、劣位オス、若齢個体、そして母子による利用を確認している。体サイズが大きく採食量が多い優位オスほど、カリウム過多になりやすく、そのバランスを維持するために他の個体よりも塩場をより多く利用するだろうと予想した。しかし，撮影された一一二回について訪問個体の割合を見ると、優位オスは三割を占めるにとどまり、通常地上利用が少ない子連れメスが二割を占め、残りの五割は若齢個体や劣位オスであった。したがって、オランウータンについては、体内のミネラルバランス維持だけのために訪問しているわけではないと考えられた。

オランウータンは反芻動物のように消化の過程で植物中に含まれる二次代謝産物といった生体にとって

図3・9　塩場を訪問するオランウータンの親子（上，デラマコット；下，マルア）

有害な物質の無毒化ができないと考えられる。そのため、食物中に含まれる有害物質の解毒を目的として塩場を訪問している可能性が高い。今後も、塩場での一連の行動を記録・蓄積することで、より明確な答えを得たいと考えている。

また、複数個体が塩場を利用することを考えると、塩場周辺は、オランウータンにとって他個体と接触する機会が多い場所の一つであり（実際、一三分差で異なる成熟個体が撮影されている）、このことは、塩場が、単独性といわれるオランウータンの社会を形成するコアサイトの一つであることを示唆しており興味深い。

長期モニタリングサイトとしての塩場

塩場でのセンサーカメラによる定点観測は、複数種の生活史の一面、活動パターンを同時かつ詳細に把握することができる。種多様性の高い熱帯雨林といえども、バンテン、アジアゾウ、そしてオランウータンのような絶滅危惧種をはじめ、複数の近縁種が高い頻度で利用する場所は少ない。第1章で紹介したような結実したイチジクやドリアンなどについても、短期的なモニタリングサイトとしては利用できるが、果実がなくなれば動物たちはそこを去ってしまう。塩場は動物の訪問頻度が高く継続した利用が行われるため、野生動物の長期的なモニタリングサイトとして重要な場所の一つであるといえる。

コラム　お気に入りの時間

熱帯雨林というフィールドは、五感をフルに活用する刺激的な現場である。とくに音の変化は顕著だ。朝は、鳥たちのにぎやかな鳴き声やテナガザルのロングコールで始まり、とても活気がある。日中は金属音のようなセミの鳴き声が聞こえるが、意外にもひっそりとしている。黄昏時になると、通称六時ゼミとよばれるテイオウゼミの独特な鳴き声をはじめ、さまざまな虫の音がピークに達する。そして夜は、虫の音の中、カエルたちの透き通った声が森に響きわたる。一日を森ですごす際は、野生動物を追いながら、この変化に富んだ音の世界にも酔いしれることができる。個人的には、音の世界が変わる時間帯、とくに黄昏時前後が一番好きな時間だ。

大型哺乳動物を考慮した熱帯商業林管理

デラマコット商業林において、二〇〇三—二〇〇五年にかけて実施した哺乳類の塩場利用調査により、哺乳類にとっての塩場の重要性を科学的にあきらかにすることができた。デラマコットの塩場は、オランウータン、バンテン、そしてアジアゾウといった大型絶滅危惧種のホットスポットであるといえる。この結果を二〇〇七年に論文として発表し、それを元に商業林における塩場の重点保護区化を森林局へ提案した。その結果、二〇〇八年からデラマコットの森林管理計画に塩場が盛り込まれ、塩場の上方斜面は一〇〇メートル、下方斜面五〇メートルはいっさいの伐採を行わないことになった。上方の距離が長いのは、土壌が塩場に流れ込まないようにという配慮である。個人的には、もっと広く場所をとって欲しいとも思うが、考慮されるようになっただけ良かったとも思う。

私がデラマコットで行った哺乳類の塩場利用調査は、当時参加したプロジェクトの共通課題とは直接関わりはなかった。しかし、この研究によって、ボルネオ島の塩場が、オランウータンをはじめ多くの野生哺乳類にとって重要な環境であることを示すことができ、森林管理にも採用されることになった。プロジェクトでは課題をこなすことはもちろんだが、将来的に新しい研究につながるよう、常に自分なりのテーマを探していると、次の研究につながっていくようだ。

塩場利用の地域性

動物の生態や行動研究において気をつける必要があるのは、「地域性」である。その調査地でいえることが、他地域にそのままあてはまるとはいえないのだ。オランウータンの行動（行動圏サイズ、グループサイズ、食性）も地域によって大きく異なることが報告されている。そのため、オランウータンによる塩場利用が、デラマコット以外でも観察されるかどうかを確かめる必要があった。もし他地域で確認されなかった場合、デラマコットでのオランウータンによる塩場利用頻度の高さは生物学的には興味深いが、保全学的価値としてはぐっと下がってしまうだろう。

そこでまず、デラマコットの比較調査地を探すことにした。サバ州におけるオランウータンの分布を見ると、キナバタンガン川やセガマ川上流域に多い。比較のためにはデラマコットのオランウータン個体群と交流がない個体群を選ぶ必要がある。オランウータンは泳ぐことができず、大きな川を挟んだ両個体群間には交流がないと考えられるため、キナバタンガン川を挟んだデラマコットの対岸に位置し、オランウータンの生息密度の高い地域の一つであるマルア商業林を選んだ。

マルア商業林へ

マルア商業林（以下、マルア）は、総面積三万三九六九ヘクタールの二次林で、キナバタンガン川とセガマ川の二つの大河上流域に挟まれ、南部は、貴重な原生林が残るダナンバレー保存林に接している（第1章図1・3）。また、デラマコットが取得したＦＳＣ認証をめざす商業林でもある。二〇〇八年一月から伐採を一時中断し、森林管理計画を充実させ五〇年間ほど森林の回復を促したあと、再び伐採を始める予定だという。また、その間の収益対策の一つとして民間企業が入り、「Bio Bank」というビジネスも行っている。これは、企業や個人にマルアの生物多様性保全を呼びかけ、多様性保全活動に対して寄付をすると、その企業や個人が保全活動に貢献しているというような認証を与えるのである。しかし、現在多額の寄付金を提供している企業は、皮肉なことに、これまで散々マルアの木を伐採してきた張本人であったりする。

二〇〇八年五月に初めてマルアに入った時は、パイオニア樹種が多く、第一印象は「荒れ果てた森」だった。まだ伐採関係者が滞在しており、キャンプから引き上げる車にも何度かすれ違った。伐採関係者が滞在中は、密猟が横行していたという。今は、森林局のプロテクション班が密猟や違法伐採などの取り締まりをしている。

サバ州の森林局局長に、デラマコットとの比較調査地としてマルアを考えていること、マルアでの調査結果はデラマコット同様に生物多様性保全にも応用できることを記した調査許可申請書を提出した。すると条件つきですぐに許可がもらえた。マルアには、森林局では初の野生動物班が設置されたばかりだったが、野生動物調査に関するノウハウが乏しかった。そのため、野生動物班への技術指導も含めて彼らと一緒に調査をするのであれば問題ないという返事だった。現場で実際に野生動物管理に関わるスタッフに、基本的な調査方法や得られたデータの解析方法を指導することは重要である。さらに、マルアまではセピロクからの送迎つき、スタッフへの支払いの必要もないという。まさにＶＩＰ待遇で、私にとっては願ってもない好条件だったため、二つ返事で承諾した。

マルアの最寄り町は、ラハダトゥという小さな街で、二〇〇二年に滞在していたタビン野生生物保護区と同じ町だった。六年ぶりのラハダトゥは、以前のおもかげを残しており、食料の買いだしのたびに立ち寄ったインターネットカフェは健在だった。当時は、生活費をアルバイトでまかない、タビンへはプランテーションの集落行きのミニバスを利用していた。それが送迎つきで調査地に入れるようになるとは思ってもいなかった。

マルアでの塩場同定と野生動物による塩場利用

マルアでは、これまでに五ヶ所の塩場を同定している（図3・5b）。デラマコットと同様に同定した塩場に自動撮影カメラを設置し、訪問種とその頻度を調査した。その結果、訪問頻度の高い上位四種は、アジアゾウ、サンバー、ヒゲイノシシ、そしてオランウータンだった。オランウータンによる高い塩場利用は、デラマコットだけではないことが判明し、内心ホッとした。写真には、子連れのオランウータンが、倒木の下に入り込んで水を飲んでいる姿もあった（図3・9）。ちなみに、この塩場もデラマコットの塩場と同様、近くには小川があるため、水場が限定されているわけではない。

また、デラマコットの塩場では確認されていなかったクリイロリーフモンキー（Maroon Langur, *Presbytis rubicunda*）やホースリーフモンキー（Hose's Langur, *Presbytis hosei*）が、マルアの塩場では確認された。これら二種はボルネオ島固有の近縁種であるが場所による棲み分けが指摘されてきた。しかし、マルアで確認した二種は、撮影された日付は異なるものの、場所は同じであった。前章で紹介した二種のマメジカ同様に、棲み分けはあるものの完全ではなく、場所によっては重複する地域もあるのだろう。そのような重複地域での近縁二種の関係は興味深い。

デラマコットとマルア両商業林において、有蹄類やオランウータンといった上位利用者はほぼ類似しており、これらの種による塩場利用は普遍性の高い行動であることを確認することができた。そしてこのことは、商業林においての塩場の保全価値が高いということを示している。マルアでも生息が確認されているバンテンは、塩場では確認されなかった。今回対象とした塩場は、すべて道路から近いアクセスの良い場所にあった。デラマコットでは人為圧が低い塩場での訪問頻度がもっとも高かったことから、過去の狩猟圧の影響を受けている可能性がある。おそらく、マルアには塩場が他にもあり、バンテンは私たちが把握していない人為圧の低い塩場を利用していると考えた方が良いだろう。現在、狩猟圧が動物の行動に与える影響をみるために、デラマコットとマルアの動物の塩場利用をより詳しく調べているところである。

コラム　ヒルの戦略

森の中には、吸血性のヒルがいる。ボルネオでよく見かけるのは二種で、日本にもいるような茶色い地味な種と黄色と黒の縦縞模様でその名も「タイガーリーチ」とよばれる種である（写真1）。彼らは、ケモノ道などの野生動物がよく利用する場所で、エサとなる動物が来るまで辛抱強く待ち続ける。葉の先などに長細い滴のように垂れ下がっており、近づくと激しく頭を振って必死にエサにくっつこうとする。現地では、ヒル対策用の靴下が市場などで売られている。靴下とズボンの裾から膝下までをカバーしてくれるので、ヒルは入りにくい。調査をする時は、これを履いてその上から虫よけスプレーを散布すればたいてい問題ない。ヒルが血を吸う際、ヒルジンという血液凝固阻害物質を注入して血液を吸いやすくしているため、吸血された部分が止血しにくくなる。気になる場合は、傷口にティッシュや絆創膏を貼っておけば、忘れた頃には止

写真１　伸びるタイガーリーチ（左下が頭部）

写真２　塩場のヒルコロニー

血しているだろう。血を吸われた後は、かゆくなるため、引っ掻いて二次感染しないよう注意が必要だ。

また、ケモノ道以外にも吸血性のヒルがいる。それは塩場の水の中に潜んでいるヒルである。ある日、塩場の水の中に動くものを見つけた。黄色っぽい二～三センチメートルほどのヒルが、クネクネと泳いでいたのである。改めて全体を見回して驚いた。ナントそのヒルがたくさんいたのである（写真２）。試しに息を吹きかけると全体が勢いづいた。村人の話では、塩場の水を飲みに来る動物を待ち伏せているという。村人がイヌを連れて猟をする際、イヌがヒルのいる塩場で水を飲み、つかれることがあるという。イヌの鼻から顔をだしたヒルは鼻から真水を入れれば、勝手に出てくるようだ。通常のヒルは高い塩濃度には弱いが、塩場のヒルは塩濃度の高い環境に適応していると考えられ興味深い。塩場の水を飲み干すゾウの鼻の中はどうなっているのだろうか。このヒルの名前はいまだ定かではない。また、このヒルは、デラマコットの塩場ではよく見かけるが、マルアの塩場では今のところ確認していない。謎は尽きない。

オランウータンを指標種とした保護区の選定

二〇〇七年、京都大学の北山兼弘先生をリーダーとする新しいプロジェクトがデラマコットで始まった。プロジェクトは四つの班から構成され、私が参加した班の目的は、デラマコットに設置された従来の保護区を見直し、大型野生動物を考慮した保護区を選定すること、そしてその選定手法をマニュアル化するというものであった。これには、班リーダーで植物生態学が専門の武生雅明先生、衛星画像の解析が専門の中園悦子さん、植生地理学が専門の若松伸彦さんといった異なる分野の専門家が参加し、私は調査対象動物の現場データの収集を担当することになった。

保護区を選定するためには、野生動物の分布と環境要因（自然および人為的なもの）との関係をあきらかにして、生息適地を選ぶ必要がある。これまでもさまざまな地域で同様の研究は行われていたが、自然環境要因として扱われた要因は、河川、尾根や谷、植生などに限られていた。そこで、今回のプロジェクトでは、自然環境要因の一つとして塩場を含めることを提案した。なぜなら、塩場の重要性はすでに示しており、塩場の分布が動物の分布にも影響を与えている可能性が高いと考えたからである。対象種にはオランウータンを選ぶことを提案した。オランウータンは熱帯雨林で唯一広域での分布調査法が確立しているためである。さらにオランウータンは、アンブレラ種かつフラグシップ種であり（第4章参照）、樹上性の植食性が強い種であるため林冠の連続性や食物資源といった森林環境の影響を受けやすい特徴をもつ。また、オランウータンは、毎日、樹上で枝葉を折って寝床（巣）を作る。巣は少し古くなると枝葉が枯れるために、緑色の林冠の中で慣れると容易に見つけることができる（図3・10）。そこで茶色に変色した巣の分布を調べることで、オランウータンのおおよその分布状況を把握することが可能である。

巣のセンサス法には、徒歩による地上センサス法とヘリコプターによる空中センサス法がある。広域での分布調査を行うには、後者が有効である。デラマコットでは、すでに森林伐採の影響を評価するために、空中センサスを実施していたが、センサスのライン数は少なく、ラインごとの数を記録するに止まっていた。そこで、GPSデータ（位置情報）と衛星画像解析（環境要因）を組み合わせることによって、オランウータンの巣の分布と環境要因との関係をより詳細にあきらかにすることになった。

巣の分布を調べるために，まず，デラマコットの地図上に従来のセンサスラインの倍、六本の平行なラインを設定した。そして、そのライン上に樹冠付近を時速四〇キロメートルの低空低速で飛行してもらい、

図3・10　オランウータンの巣

後部座席の二人が左右各々の窓枠に入る巣のGPSデータを四時間ほどかけて取得した。また、環境要因については、自然環境要因としては、河川や塩場からの距離、標高、傾斜角度などを、また、人為的な環境要因としては、道路、アブラヤシのプランテーション、村といった人間の活動地域からの距離、さらに過去の伐採履歴などを考慮した。

これらのデータを用いたモデル解析の結果、自然環境要因では塩場と標高、人為的な環境要因では道路やアブラヤシプランテーションが選ばれた。すなわち、塩場から近くて標高が高く、道路やアブラヤシプランテーションから遠い地域に巣が多いことが分かった。この結果は、センサーカメラ調査で分かったオランウータンの高頻度の塩場利用の結果と一致していた。また、現在の保護区の半数程度がオランウータンの生息適地ではないこともあきらかとなった。したがって、現在の保護区を見直す必要があり、その際には、人為的な影響の低い地域に加えて、自然環境要因では塩場の分布なども考慮する必要があるといえるだろう。

またこれまで、すべての塩場を把握することは難しいのではないかという指摘もあったが、塩場の出現には傾向があり、現在まさに侵食が進んでいる地域に多いことも分かってきた。したがって、将来的には、地形情報から塩場の位置を予測することも可能かもしれない。

最後に最新の関連した話題を一つ。今年行われたFSC認証の継続審査において、オランウータンだけでなく、他種のモニタリングの必要性も指摘された。そこで現在、センサーカメラによる塩場での地上性大型哺乳類の長期モニタリングが検討されており、塩場でのセンサーカメラ調査は、今後も森林局の仕事の一つとして継続される予定である。この作業は、二ヶ月に一度、バッテリーとメモリーカードを交換するだけなので負担が小さい。作業量が少なくて済むということは、継続する上で何よりも大事なことであろう。

さらに最近、ボルネオ島のもう一つのマレーシア領であるサラワク州の研究者も塩場に興味をもち、サラワクの商業林での塩場研究を始めたいという連絡があった。将来的には、サバ州やサラワク州といったより広い地域の野生動物や塩場に関する情報などを交換しあい、熱帯商業林における野生動物管理のネットワークを構築できたらと考えている。

第4章
熱帯アジアの森と野生動物の現状

東南アジアの森と追い込まれた野生動物たち

六回目の大量絶滅

生物はこれまでに火山の大噴火、巨大隕石の衝突、大規模な気候変動などを原因として五回の大量絶滅を経験してきた。そして、現在は、人間活動によって六回目の危機にあると言われている。哺乳類についてみると、二〇〇八年現在、世界で確認されている五四八七種のうち一一四一種（約四分の一）が絶滅の危機に瀕しており、そのうち、生息環境の消失や悪化による影響が約四割を占め、とくに中南米、中央アフリカ、マダガスカル、南・東南アジア地域で著しい。また、東南アジア、アフリカの一部の地域や、南米においては、過剰な狩猟（乱獲）によって大型哺乳類が消失しつつあるという（IUCN, 2009）。

東アジア（中国や日本など）、南アジア（インドやネパールなど）、東南アジア（マレーシアやインドネシアなど）から構成されているアジア地域における森林の年間変化率についてみてみると、一九九〇—二〇〇五年までの一五年間において、東南アジア地域は、森林の減少率が他地域と比べてもっとも高い（State of the world's forest, 2009）。この地域では、大規模な森林伐採やアブラヤシプランテーションの開発などによって野生動物の生息地の破壊や分断化が引き起こされている。

ここでは、森林の伐採やアブラヤシのプランテーション開発の現状について、ボルネオ島のサバ州の事例を取り上げる。さらに、ボルネオ島周辺の島々のフィリピンやインドネシアにも目を向け、森林とそこに生息する大型絶滅危惧種の現状を紹介する。

森林伐採が野生動物に与える影響

地球上で、年あたりの森林面積の減少率がもっとも著しいのは、熱帯地域である。そして、熱帯地域で伐採された原木あるいは加工品の多くが、先進国へと輸出されている。日本の木材需給状況をみると、平成一九年の木材自給率は、二割程度にすぎず、残りは国外からの輸入に頼っている。東南アジアから輸入される木材（南洋材）の割合は外材の一割程度であるが、その内の九割以上がマレーシアとインドネシアから供給されている（林野庁編、二〇〇九）。これらは、現地で合板（樹皮をかつらむきにして、交互に組み合わせて接着したもので、ベニア板としても知られる）に加工されて日本に輸入されており、身のまわりのさまざまなものに利用されている。

サバ州滞在中は、トレーラーや船によって大きな丸太が運びだされる光景をよく目にする（図4・1）。これだけの量が毎日のように切りだされれば、近い将来、森が消失してしまうのではないかと心配になるが、これが保護区以外の森の現状である。また、保護区内であっても盗伐が絶えず、それは伐採木を搬出しやすい川の水量が増加する雨季に増える。森の周辺に居住している村人が利用する程度であれば問題にはならないが、外部からの侵入者による大規模な盗伐は深刻である。

森林伐採が、野生動物へ与える影響に関する研究は、これまでにも数多く報告されてきた。伐採圧増大に伴う環境の変化としてまずあげられるのが、林冠状態の変化である。大きなギャップが生じ、伐採道路

図4・1　伐採木の搬出（マレーシア・サバ州）

が発達することによって、林冠は連続していた状態から不連続へと変わる。そのため、樹上性種の生息環境が狭まりニッチの競合や地上移動の増加が生じると考えられる。次にあげられるのが、植生の変化である。大規模な伐採によってマカランガ属などの特定のパイオニア種が急激に優占すると種の多様性が減少するため、食物レパートリーも減少する。さらに、森林全体の果実生産量が減少するため、果実食性の動物は負の影響を受けると考えられる。また、伐採道路の発達により、これまで徒歩で森に入っていた外部からの密猟者がバイクや車で入ることが可能となり、獲物を容易に運搬できるので一度に捕獲する頭数も増加する。とくに、経済価値の高い有蹄類や食肉類は狩猟対象となり個体数を減少させることになる。すべてがこれにあてはまる訳ではないが、おおよそのシナリオはこれに従うものと考えられている(Meijaard *et al.*, 2005)。

森林伐採が哺乳類へ与える影響を食性別でみると、果実食性の強い種、肉食性あるいは昆虫食性の強い種への影響が大きく、草食性や雑食性の種への影響が小さい傾向があるという。そして興味深いのは、各系統の分岐年代と伐採に対する影響の受けやすさには、密接な関係があるというのだ(Meijaard *et al.*, 2008)。すなわち、伐採の影響を受けやすい種は、中新世(約二三〇〇万—五二〇万年前)あるいは前期鮮新世(約五三〇万—三六〇万年前)の比較的温暖な気候下に適応放散し、かつ高木や低木などの樹上を利用する種が多いという。一方、伐採の影響を受けにくい種は、後期鮮新世から更新世(約二六〇万—一万年前)の氷期と間氷期を繰り返す厳しい気候で、草原が拡大した時期に適応放散した種で、下層植生や地上利用をする種が多いという。森林伐採への感受性と地球史レベルでの環境変動への適応性との間に関係を見出すところは興味深い。

アブラヤシ

アブラヤシ(オイルパーム)から採れるパーム油は、われわれの生活には欠かせないものとなっている。それは、食用油、洗剤、そしてバイオディーゼルの原料として利用されており、私たちが口にしている菓

図４・２　アブラヤシプランテーション（マレーシア・サバ州）

子類の原料を注意してみると、植物油脂（パーム油）と書かれているものが少なくないことに気づくだろう。「地球にやさしい」というキャッチフレーズで売られている多くの洗剤類にも利用されている。

なぜそれほどまでにアブラヤシが汎用されるようになったのであろうか。それは、年間を通じて安定収穫できる地域があることに加え、高い収穫量と低価格、さらに料理に使用しても風味を変えないなどの利点もあるからのようだ。

アブラヤシの原産国はアフリカで、乾季が短く台風のない熱帯雨林気候でよく生長する。そのような気候条件に加えて、治安や政情も比較的安定しているインドネシアやマレーシアは、格好のアブラヤシ栽培地域である。二〇〇九年現在、アブラヤシの上位生産国は、一位がインドネシア、二位がマレーシアで、全体の八割以上を占めている。

パーム油はどのような過程を経て採られるのであろうか。アブラヤシは、ピンポン玉大の実からなる大きな房をつくり、熟すと赤くなる（図4・2）。それは、幹上部の葉のつけ根部分になり、現地では長い鎌を持った労働者が、器用に樹上の実を切り落とす姿をよく見かける。そうして収穫されたアブラヤシの実は、溢れんばかりにトラックに荷積みされ、鮮度が高い二四時間以内に採油場へと運ばれる。そのため採油場はプランテーションの中に島のように存在している。採油場では、持ち込まれた実が蒸された後、油が搾られる。そして、油は精製され港へ、搾りかすは採油場の自家発電の燃料として使われるか、または肥料としてプランテーションに戻される。このようにして採油されたものが、日本へも輸出され、私たちの生活を支えている。

アブラヤシプランテーションの問題点

パーム油はわれわれにとって利用価値が高いものではあるが、その一方で大きな問題を抱えている。それはとくに開発による森林伐採と農薬による汚染に関するものである。

アブラヤシで採算をとるには、三千ヘクタールもの広大な敷地が必要だと言われており、開発時は森林が大規模に伐採され焼き払われる。実際現地では、地平線の果てまで広がるアブラヤシプランテーションの中を何時間も移動することが少なくない。そして、そのような大規模開発もまた、野生動物に負の影響を与えている。縮小した森では、野生動物の生息環境の多様性も失われるため、採食、繁殖、休息に必要な環境を求めて、同異種間での競合が高まる。その結果、個体数や種数の減少を招き、多様性の低下へとつながる。その一方で、アブラヤシは栄養価が高いため、アブラヤシプランテーションを新たな採食パッチとみなす野生動物もでてくる。実際現地では、ヒゲイノシシ、アジアゾウ、オランウータンなどが、森からプランテーションへ進出し、アブラヤシの果実や葉の新芽を採食することが問題になっている。企業側は、食害対策として、森との境界線に電気柵を張り巡らしたり、溝を掘って水を流したり、または音や光で威嚇するなどして被害を防ごうとしているものの、なかなか解決には至らないようだ。マレーシアのサバ州には、キナバタンガン川という州の最長河川があり、その川にそって小さな林が残り、その外側には広大なアブラヤシプランテーションが広がっている。場所によっては、プランテーションが川岸にまでおよぶ地域もたくさん見受けられる。キナバタンガン川下流域は、野生動物を観られるエコツーリズムのメッカと知られている。しかしここには、野生動物が川沿いのわずかに残された森に押し集められ、他に行く場所がない状態であるために遭遇しやすいという悲しい現実がある。

プランテーションの管理には大量の農薬が使用されるため、農薬汚染が問題となっている。おもに除草剤の直接散布と殺虫剤の幹注入が行われ、その林床には雑草がほとんど生えておらず、葉の虫食いもほとんど見られない。また、樹高が高くなりすぎて収穫が困難になったアブラヤシは、薬で枯らされたのち小さく切断され肥料として利用される。大量に使用される農薬の一部は、当然、アブラヤシの木に吸収され、その果実にも蓄積されていると考えられる。そのため、プランテーションを採食場所として利用する野生動物、果実を利用するわれわれ人間も、少なからず影響を受けていることが考えられるが、その実態はあきらかではない。また、大雨が降ると、林冠が単層かつ根も単純なアブラヤシプランテーションは、土壌の保水力が著しく弱いため、雨水は地表面や地中に蓄積する大量の農薬を取り込みながらいっきに川へと流れ込むことになる。そしてそれは、大規模な洪水を招くだけでなく、農薬汚染の拡大を意味している。地域住民によれば、大雨の降った後の下流域では、農薬の影響を受けた魚が水面付近をフラフラと泳ぐため、手掴みできることさえあるという。川の生態系、下流域で生活する人々、そして、その先の海の生態系も影響を受けていることが容易に想像できる。

また、開発に際しては、企業と地域住民との間でトラブルになるケースも少なくない。森林伐採にしてもアブラヤシプランテーションにしても、野生動物の生息地を減少させ、土砂流出による河川汚染などで、被害地域を拡大させることに変わりはない。しかし、森林伐採は一〇年くらいで太い木を切り（択伐）、その後業者は土地から撤退するが、アブラヤシプランテーション開発は大規模かつ長期間にわたって土地を占有し、もし撤退したとしても農薬汚染により地域住民は半永久的に土地を失ってしまうという（岡本、二〇〇二）。

アブラヤシのプランテーション開発についてはさまざまな問題があるが、その一方で対応策も検討され始めている。その内の一つとして、二〇〇七年からは、アブラヤシプランテーションの認証制度であるRSOP（Roundtable on Sustainable Palm Oil, http://www.rspo.org/）が始動した。欧米では、この認証を受けたアブラヤシプランテーションから生産されたパーム油を積極的に購入する傾向があるという。この認証を受けるには、河畔林を残すなど、野生動物の生息地の考慮が義務づけられている。これを受けて、川沿いぎりぎりまでアブラヤシが植えられた地域の一部では、河畔林を再生するための植林も行われ始めているようだ。

コラム　なぜ生物多様性を保全する必要があるのか？

生物多様性とその保全の意義について整理しておきたい。生物多様性については、生態系、種、そして遺伝子の多様性という三つのレベルがある。生態系レベルの多様性は、森林、河川、湖沼、湿地などの比較的大きなスケールの環境が組み合わさることより生まれる。生態系レベルでの多様性が高いほど、それぞれの環境を棲みかとする種の生息が可能となり、種の多様性も高くなることになる。また、同種においては、一般に集団サイズが大きいほど、血縁の遠い個体同士が交配できるために、小さな集団に比べて遺伝的な多様性が高い。一方、小さな集団は、近親交配の確率が高く、劣性有害遺伝子のホモ接合度が増加するために急激な環境の変化への適応度が低い（近交弱勢）。さらに、自然災害などの偶然の環境変動によって、一部の集団が絶滅する確率が高いために集団全体の遺伝的多様性の減少につながりやすい。したがって、多様性保全のためには、生態系の多様性が必要であり、各々の種がある程度の集団サイズを維持できる生息地を確保することが必要となる。

生物多様性を保全することは、われわれにとって、どのような意義があるのだろうか。一般に生態系がもつ働きのことを「生態系機能」といい、その生態系機能の中で人間に役立つものは「生態系サービス」とよばれている。生態系サービスは、「物質供給サービス」、「調節的サービス」、そして「精神・文化的サービス」の三つに大別される。まず、物質供給サービスには、水、食物、一次生産物（木材、お香の原料になる香木など）、遺伝的資源（病原菌に対する作物・家畜・家禽の耐性強化など）、医薬資源（医薬・化学薬品や実験動物など）があげられる。ついで、調節的サービスには、気候制御（森林による気温や降雨などの維持）、水制御（森林による土地被覆による適切な排水）、土壌制御（無機栄養塩に富む土壌での生産性の高い生態系）、種子散布や送粉（動物による森林更新）、そして生物学的制御（外来種や病気のコントロール）があげられる。最後に精神・文化的サービスには、精神・歴史（自然を宗教的・歴史的な目的に利用）、文化・芸術（自然資源を芸術のモチーフとして利用）、科学・教育（科学的研究、教育に利用）、レクリエーション（エコツーリズム、アウトドアスポーツなどに利用）、そして景観（居住環境）などがあげられる（畑田ほか、二〇〇八）。結局のところ、生物多様性を保全するということは、われわれの豊かな生活を維持することに他ならないのである。

ボルネオ島の大型絶滅危惧種

ボルネオ島で新種の哺乳類発見?

二〇〇五年、WWFが、ボルネオ島のインドネシア領(カリマンタン)で撮影した謎の哺乳類の写真を公開した。その写真は、前方と後方の二つのアングルから撮影され、尾の長い動物が写っていた。新種の可能性もあるというので、世界の目がこの地域に注がれた。カリマンタンは、サバ州に比べても開発が進んでおり、そのような状況で、中型の哺乳類の新種が見つかるのだろうかと不思議に思った。するとその翌年、カリマンタンで精力的に野生哺乳類の生態・保全分野で活躍しているMaijaard博士らが、論文をイギリスの哺乳類学会誌に発表した。撮影された動物から一三の形態学的な特徴を抽出して類似種と比較した結果、もっとも高い類似度を示した種は、地上移動中のムササビの可能性が高いというものだった(Meijaard *et al.*, 2006)。しかし、たとえ新種ではないにしても、それはトマスクロムササビ(Thomas's Flying Squirel, *Aeromys thomasi*)という生態情報に乏しいボルネオ島固有種であるため、その地域を保全する価値に変わりはないという。

じつはこれには裏話がある。カリマンタンのこの地域で大規模なアブラヤシプランテーション開発の話がもちあがり早急に世界の関心を集める必要があったために、確証を得ない状況で発表したようである。それほど、この地域における開発の規模とスピードは深刻な問題なのである。

マレーシア領サバ州の大型絶滅危惧種の現状

大型哺乳類は行動圏が大きくさまざまな環境要因を含むために、他の多くの生物の生息地もカバーしている。そのため、大型哺乳類とその生息地を保全することが、他の生物と生息地の保全にもつながると考えられる。このような種は、「アンブレラ種」とよばれ、生息地保全において重要な位置を占めている。また、生息地保全を考える際は、その地域に特徴的で認知度も高い種、「フラグシップ種（象徴種）」をとりあげることも大切である。このようなことを考慮して浮かびあがるのが、大型絶滅危惧種である。

ボルネオ島は、世界的に生物多様性のもっとも高い地域の一つであり、その中においてマレーシアのサバ州は、比較的森林の残存率も高く、生物多様性が高い地域である。ここではまず、ボルネオ島を代表する大型絶滅危惧種のスマトラサイ、バンテン、アジアゾウ、そしてオランウータンの現状についてサバ州を事例に紹介する。

世界最小のサイ、スマトラサイ（*Sumatran Rhinoceros, Dicerorhinus sumatrensis*）

スマトラサイは、奇蹄目サイ科スマトラサイ属に分類され、マレー半島、スマトラ島、そしてボルネオ島に散在分布している。二本の角と、長い体毛が特徴である（図４・３）。現生のサイ科の中ではもっとも体サイズが小さいが、それでも体重は一トン近くある。スマトラサイは、漢方薬として高値で取引される角を狙った密猟によって個体数が激減し、現在は本種全体でも三〇〇頭以下と推定されている。ボルネオ島の中ではサバ州に多く分布するが、島全体でも三〇頭前後と推定され、しかも小さな個体群が散在している程度のため、大型絶滅危惧種の中ではもっとも危機的な状況にあるといえる。

二〇〇七年、WWF-Malaysia（以下、ＷＷＦ）が撮影に成功したというスマトラサイの動画を見せてもらうと、そこには立派な長い角をもったオスが映っていた。周囲の音も録音されており、熱帯林独特の高い虫の音をバックに、スマトラサイの「フンゴーフンゴー」という鼻息も入っていた。カメラを設置したその晩に撮影されたものだという。こんな貴重な映像を、そんな簡単に、いったいどこで撮影したのか、思いあたる森の名前をいくつかあげてみるがすべて違うという。この撮影場所は、何と周囲がアブラヤシのプランテーションにとり囲まれている二キロメートル四方の小さな孤立林だったのである。この個体は、小さな森の中で食物が不足したため、プランテーションへ進出するようになったようだ。二〇〇八年八月、プランテーションの労働者に目撃され、野生生物局とＷＷＦに通報・保護された（図４・４）。これまで野生生物局は、スマトラサイを生け捕りする方法として、サイがよく利用する道に大きな落とし穴を掘る方法をとってきたが、今回の捕獲方法はちょっと違っていた。よほど空腹だったのだろう、竿の先に結びつけられたジャックフルーツ（香りが良く人をはじめ動物が好む果実の一種）につられてみずから檻の中に入ったという。捕獲した個体は、その後タビン野生生物保護区へと移送され、現在も保護されている。この件に関するＷＷＦの報告書を見せてもらったが、右前肢にククリワナによるものと思われる傷跡が残っており、密猟者に狙われていたようだ。よく生き延びていたなと改めて思う。

とり残された個体は他にもいるようで、生息を確認した地域では、ＷＷＦのスマトラサイ・パトロー

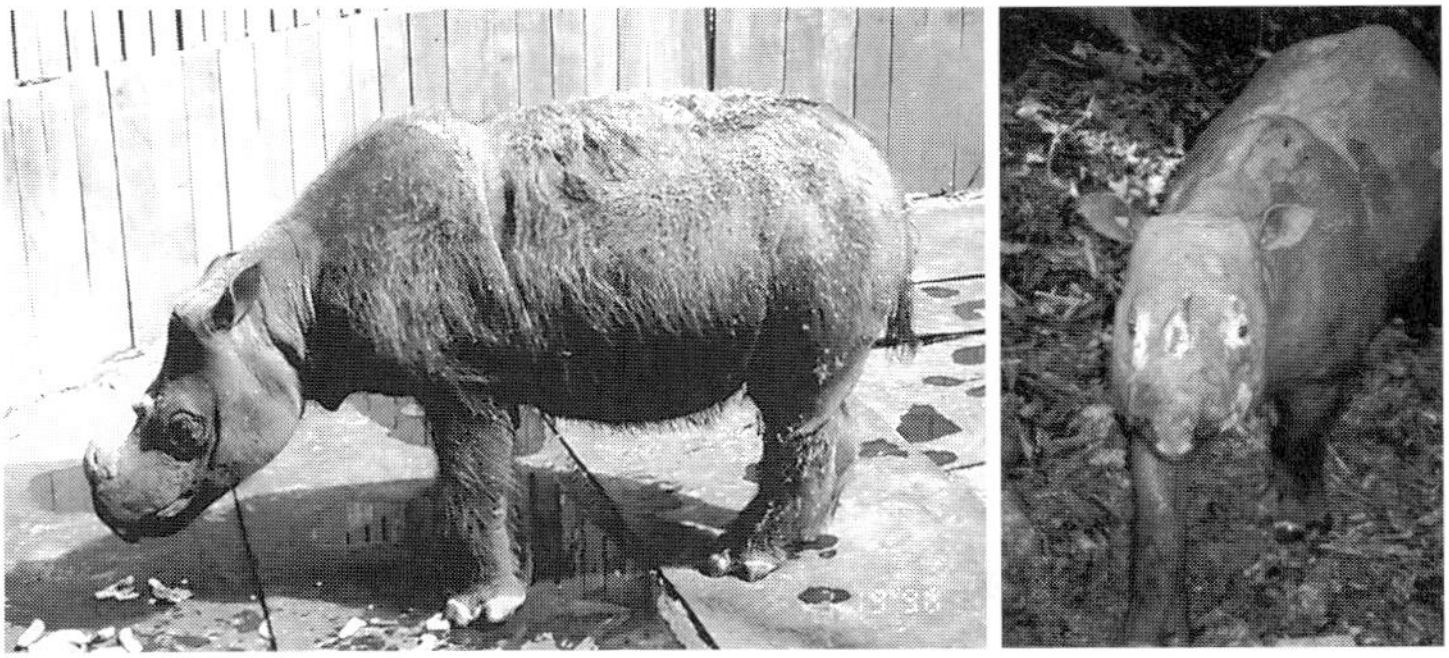

図4・3　スマトラサイ　長い体毛が特徴（左）ヌタ浴びをして泥まみれになった個体（右）

図4・4　アブラヤシプランテーション内で保護されたスマトラサイ（Photo© WWF-Malaysia/Lee Shan Khee）

ル・モニタリング班（Rhino Patrol and Monitoring Unit's, RPMU）や野生生物局が協力して監視しているという。大きな保護区への移送・放獣を行っても、密猟の危険性からは逃れられないのが現状である。将来的には、これらを保護し、繁殖施設で飼育することも検討されている。しかし繁殖計画は、過去に何度か試みられているが、サバ州での成功事例は今のところない。むしろ飼育個体の死亡数が多いために問題になったこともある。どちらにしても、スマトラサイの将来が、明るくないことだけは事実である。サバ州において、スマトラサイの次に絶滅の危険性が高い種は、これから紹介する野生ウシのバンテンである。

世界一美しい野生ウシ、バンテン（Banteng, *Bos javanicus*）

バンテンは、偶蹄目ウシ科ウシ属四種（ガウル *B. gaurus*、バンテン *B. javanicus*、コープレイ *B. sauveli*、ヤク *B. mutus*）の内の一種で、東南アジアに広く分布している野生のウシである。アジア大陸部のビルマバンテン（*B. javanicus birmanicus*）、バリ島とジャワ島のジャワバンテン（*B. javanicus javanicus*）、そしてボルネオ島のボルネオバンテン（*B. javanicus lowi*）の三つの亜種に分けられている。総個体群は五千頭以下と推定されているが、五〇頭以上の個体群を有する地域は、一〇ヶ所にも満たないという。マレーシアでは、半島部やボルネオ島のサラワク州ではすでに絶滅しており、繁殖集団が分布しているのはサバ州だけである。サバ州全域におけるバンテンの推定個体数は、三三〇―五五〇頭と考えられている。成熟オスの体色は黒光りしており、体サイズはメスよりも大きく八〇〇キログラムにもおよぶ。一方、成熟メスの体色は茶色で、オスに比べてほっそりしている。唇、四肢、臀部が白くひじょうに美し

図4・5　バンテンの群（上）と単独オス（下）

い（図4・5）。

バンテンは、森林性だが、イネ科草本類を選好採食するグレーザーである。その糞には、大量の草本類の種子が含まれており、古い糞からたくさんの芽がでているのをよく見かけるため、草本類の種子散布に一役買っていると考えられる（Matsubayashi *et al.*, 2007c）また、グレーザーという食性から、森林伐採によって植生環境が変化しても、食物資源という点での影響は少ないと考えられるが、他の蹄類と比べて警戒心が高く狩猟圧をはじめとした人為的な影響を受けやすい。実際、塩場の調査からバンテンが高い頻度で塩場を訪問訪問することが分かったものの、伐採道路が整備されるなどの人為的な圧力が高くなると、これまで利用していた塩場であってもパタリと来なくなってしまうことがたびたびあった。バンテンの社会は一夫多妻制でハーレムを形成する。そのため密猟される際は、複数頭が犠牲になる場合が多く、その肉はブラックマーケットでは高値で取引されるという。

バンテンにはじめて遭遇したのは、デラマコットである。雨季のため道が崩れバイクが使えず、徒歩で調査をしていた時のことだ。ぬかるみと化した道沿いに、真新しいバンテンの群れの足跡が続いていた。大きなオスの足跡にワクワクしながらその後をたどり、急カーブを左に曲がると、ナント目の前にその群れが休んでいたのである。手前で休んでいた大きなオスが起き上がって、一瞬私の方に角を向けたが、すぐさま態勢を反転し、メスやコドモたちと草むらの向こうへと消えていった。その距離は一〇メートルほど、ほんの数秒の出来事だったが、大きな体を起こし、ドタドタと地響きをたてながら走り去る姿、休息場所に残された体温、バンテンをとても身近に感じた瞬間だった。疲れ果てていた私だったが、一気に復活し、ドキドキしながらその余韻に浸ったのをおぼえている。今ではその道路もすっかり整備され、バンテンの痕跡を見ることもなくなってしまった。

オーストラリア北部の半島では、スポーツハンティングを目的として、過去にインドネシアのジャワ島からバンテンが移入されたことがある。移入個体群は、その後順調に繁殖を続けながら、現地の家畜ウシと交雑していったと考えられていた。しかし、このバンテンのＤＮＡを調べたところ、家畜ウシとの交雑は確認されず、純血種であることが分かったのである（Bradshaw *et al.*, 2006）。ジャワバンテンは、個体数が減少し、島の沿岸域に小さな集団が分散して分布しているにすぎない。そのためオーストラリアの移入個体群の保全価値が急激に上昇し、再導入も計画されているという。

現在、サバ州に残されている貴重な繁殖集団においても、地域によっては家畜ウシとの交雑が指摘される個体群も混在しているようだ。これは伐採業者が森を去る際に、それまで飼育していた家畜ウシを放ったことによるものである。ポストスマトラサイと言われるほど絶滅の危機にあるボルネオバンテンの生態学的・遺伝学的研究を進め、その結果を積極的に公表することによって、多くの人たちにその保全価値を認識してもらうことが必要であろう。そのようなチャンスは今しかない。個人的には、もっとも気になる野生動物である。

世界最小のゾウ、ボルネオ島のアジアゾウ（Asian Elephant, *Elephas maximus*）

アジアゾウ（以下、ゾウ）は、ゾウ科アジアゾウ属一種に分類され、東南アジアに広く分布している。

図4・6　アジアゾウオスは長い牙を持つ（上），メスは母系の群れで行動する（下，Photo © Peter Lagan/Sabah Forestry Department）

大陸部のゾウが体重三～五トンと大きいのに対して、ボルネオ島のゾウはもっとも小さく体重三トンを超える個体はほとんどいない（図4・6）。サバ州全域の推定個体数は、一一〇〇～一六〇〇頭と考えられている。オスの牙は成長に伴って伸びるが、メスはないか、あっても短い。ボルネオ島のゾウは、その分布が非常に限られており、島北東部の五パーセントという分布域にすぎない。この分布の大きな偏りや、これまでにゾウの化石がボルネオ島からはでていないという事実から（ゾウ以外の大型草食獣であるマレーバクの化石は見つかっている）、ボルネオ島外部から持ち込まれた移入種であるとする説「移入種説」と、現在の推定個体数、繁殖周期、分布域周辺土壌の肥沃性などから、もともと生息していたものと考える「在来種説」の二つがある。二〇〇三年にDNA解析によって、在来種説を支持する結果が発表され、解決したようにも思えた。しかし、二〇〇八年に移入種説を支持するという論文が発表され、再び論議をよんでいる。その論文によると、一四世紀から一九世紀にかけてジャワ島のスルタンからフィリピンのスールー王国へ送られたジャワゾウが繁殖し、なんらかの理由でサバ州に放たれたとするものだ（かつてサバ州は、マレーシア領ではなくフィリピンのスールー王国の領土だった）。その後、ジャワ島のジャワゾウは絶滅し、ボルネオ島に移入されたゾウのみが生き長らえているというのである（Cranbrook *et al.*, 2008）。結論はでていないが、いずれにしても、ボルネオ島のゾウの貴重さに変わりはないだろう。現地では、ゾウをアンブレラ種あるいはフラグシップ種とした生息域の保全活動が行われている。

近年は、アブラヤシプランテーションの開発によって生息地が縮小し、ゾウがより簡単に栄養価の高いエサが手に入る村の畑やアブラヤシプランテーションに侵入して採食被害を与えるケースが増えている。

ゾウへの対抗手段の一つとしては、ラドン（Ladon）とよばれる大砲のような形をしたものを利用することもある。これはカーバイドという炭化物に少量の水を加えると発生するアセチレンガスに引火して爆発させるもので、この爆発音でゾウを撃退する。ただし、繰り返すほどにゾウも学習するため、使うタイミングが難しいようだ。また、夜間は、ランプを置くことでゾウが近寄らないようにもするという。プランテーション会社の対抗手段としては、これらに加えて、電気柵の設置も行っているが、雑草などが触れると放電してしまうため、管理にはお金と手間がかかる。いずれの場合においても決定打というものはなく、サバ州では、被害が深刻な場合は加害個体を捕獲して他の場所へ移送することも検討されている。また、地域によっては、近年のアブラヤシプランテーションの開発によって、以前は村で問題視されていたゾウをはじめとする野生動物による食害が減少したところもある。野生動物は、村のような人間の生活圏に近い畑よりも、管理が手薄になりがちで、かつ食物量が多いプランテーションをより適当な採食場所として選ぶのだろう。

余談であるが、マレー語でゾウはガジャ（Gajah）とよばれているが、サバ州の村人たちは、ネネ（Nenek）ともよぶことがある。ネネはマレー語でお婆ちゃんのことである。これは人々が、ゾウに畏敬の念を抱きながら生活してきたことを示す言葉なのであろう。

森の人、オランウータン（Bornean Orangutan, *Pongo pygmaeus*）

マレー語やインドネシア語で、オラン（Orang）は人、フタン（Hutan）は森をさす。オランウータンは、ヒト科オランウータン属二種に分類され、スマトラ島とボルネオ島に分布している。両島の個体群は、スマトラオランウータン（*P. abelii*）とボルネオオランウータン（*P. pygmaeus*）の別種として扱われ、両種ともに絶滅危惧種に指定されている。さらにボルネオオランウータンは、ボルネオ島の北西部、北東部、そして中央部で三亜種に分類され、サバ州のオランウータンは *Pongo pygmaeus morio* とよばれている。サバ州全域におけるオランウータンの推定個体数は、一万一千頭前後と考えられている。オスは成熟すると頬が肥大する優位オスと肥大しない劣位オスの二つに分かれる。優位オスは体サイズが大きく体重は八〇キログラムほどにもなるが、劣位オスは華奢な体つきで成熟メスとあまり変わらず、体重も優位オスの半分ぐらいしかない（図4・7）。おもに果実や木の葉、そして樹皮などを採食する植食者である。

サバ州東部、サンダカンから二〇キロメートルほど離れたカビリ―セピロク森林保護区には、野生生物局が運営するセピロクオランウータンリハビリテーションセンター（以下、センター）が隣接している。ここにはおもに開発によって生息地を追われたオランウータンをはじめとする多くの野生動物が保護されてくる。保護個体の中でも、とくに親を失ったコドモのオランウータンが多く、孤児を野生に戻すためのリハビリテーション過程の一部は、一般の人たちにも公開されており、野生動物の現状を知ることができる環境教育施設としての役割も担っている。センターは、学生の頃の調査拠点だったため、保護個体をよく見ていた。しかし、オランウータンの保護の実態については詳しく分からなかったので、過去八年間（一九九八年一月から二〇〇五年一二月まで）における保護個体数とその内訳を調べたことがあった。その結果、計一六〇頭がセンターに保護されており、年齢構成別の内訳は、一五歳以上の成熟オスが七頭、一

図4・7　オランウータンの優位オス（上）と保護されたコドモ（下）

図4・8　ボルネオ島とHOB申請地域

〇歳以上の成熟メスが一〇頭なのに対し、野生ではまだ母親に随伴しているはずのコドモは一三六頭と、全体の八五パーセントを占めていたのである。母親はどこへ行ってしまったのだろうか。センターのスタッフによれば、現場で死ぬケースが多いという。事実、私が滞在中に保護された個体には、樹上にいる状態で木を切り倒されて犠牲になった親子がおり、母親に抱かれていたコドモだけが助かったという事例があった。このような例が珍しくないため、コドモの保護件数が著しく高いのかもしれない。

個体数の減少は、生息地の減少によるもの以外に、狩猟やペット取引も要因の一つとなっているが、サバ州の場合は、森林伐採やアブラヤシプランテーションの開発による生息地の減少の影響がもっとも強いのだろう。

三国共同保全構想（Heart of Borneo, HOB）

二〇〇七年、ボルネオ島において画期的な三国共同保全構想がＷＷＦを中心にもちあがった。Heart of Borneo（ＨＯＢ）と名づけられたこの構想は、マレーシア、ブルネイ、そしてインドネシアの三つの国が共同で進めているもので、原生林と商業林のネットワークからなる保全地域を作ろうというものだ（図４・８）。「Heart」とは、この保全構想の対象地が、ボルネオの中心部分にあり、そこは原生林が残るあるいは大型絶滅危惧種が生息する貴重な地域であるという意味から名づけられたという。三国の国境沿いの標高の高い地域から、山裾や低地周辺にまで、広域かつ多様な環境を含む地域が選定されている。これを実現するためには、政府間、国、地域といったさまざまなレベルからの協力が必要であり課題は多い。もし実現すれば、東南アジアで最大規模（二千二百万ヘクタール）の保全地域が誕生することになる。実現の可否はまだ分からないが、このような国境を越えた取り組みは、野生動物保全のうえで今後さらに重要性をますだろう。

コラム　ワシントン条約

絶滅の恐れのある野生動植物の種の国際取引に関する条約である。Convention on International Trade in Endangered Species of Wild Fauna and Flora の頭文字を取って、ＣＩＴＥＳ（サイテス）ともよばれる。野生動植物の国際的な商業取引の規制を輸出国と輸入国とが協力して実施することで、野生動植物の保護をはかるもので、取引が規制される野生動植物（約五千種の動物と二万八千種の植物）は希少性に応じて、附属書ⅠからⅢにランクづけられる（CITES, 2008)。附属書Ⅰは、国際間の商業取引が原則禁止され、附属書Ⅱは商業取引には輸出国の輸出許可が必要であり、附属書Ⅲは、国ごとに指定、当該種を掲載した締約国からの取引に限りその国から輸出許可が必要である。また、この条約の特徴として、加工品の取引も制限していることがあげられる。

フィリピンの野生水牛〝タマラオ〟の現状

フィリピンは、七一〇〇を超える島々からなり、海岸線のマングローブ林から標高三千メートル近い山地の霧が多い環境に成立する雲霧林まで多様な環境を有している。フィリピンに生息する陸生哺乳類一八三種の内、固有種は一二〇種で、全体の六六パーセントを占めている。氷期は現在よりも海水面がずっと低く、フィリピンはスンダ大陸棚上にあるボルネオ北部と陸続きであったので、大陸の動物たちはボルネオ経由で渡ってきたと考えられている。現在、フィリピンの地上性哺乳類相は、その類似性からパラワン、ミンダナオ、ルソン、そしてネグロスの四つの地域に大別され、その内パラワン地域の哺乳類相はボルネオ島との類似性がもっとも高い。これは、氷期に存在したボルネオとパラワン間の陸橋を反映している(Heaney, 1986)。一方、パラワン地域以外は深い海峡の存在によって隔離されていた期間が長く、そのような地域では多くの固有種を作りあげていった。

一九〇〇年、フィリピンの森林率は、土地面積の約七〇パーセントを占めていた。その後伐採が急激に加速し、一九八〇年には四〇パーセント前後、二〇〇五年には二四パーセントにまで減少した（State of the world's forest, 2009）。そのため、木材資源が枯渇してしまい、七〇年代になると南洋材のマーケットは、フィリピンからマレーシアやインドネシアへとシフトしていった。現在、焼畑による移動耕作が、森林の減少と劣化にさらに拍車をかけているという。そして、焼畑の後には、チガヤ科のコゴンが生える草原だけが残されるため、森林の保水機能は失われ、侵食による土壌崩壊を招いている。

このような現状から、一二〇種の固有種の内五二種（四三パーセント）が絶滅の危機にあるという（Catibog-Sinha and Heaney, 2006）。そして、絶滅危惧種に指定されているフィリピン固有の代表的哺乳類にタマラオがいる。

野生水牛タマラオ（Tamaraw, *Bubalus mindorensis*）

タマラオ（ミンドロスイギュウ）は、ウシ科アジアスイギュウ属四種に含まれる野生の水牛である。アジアスイギュウ属には、タマラオの他に、インドネシア・スラウェシ島のアノア（*Bubalus depressicornis*）とヤマアノア（*Bubalus quarlesi*）の二種、アジア大陸の一部に散在分布するアジアスイギュウ（*Bubalus arnee*）がおり、全種が絶滅危惧種に指定されている。タマラオは、フィリピン最大の野生哺乳類で、過去にはルソン島などにも分布していたようだが絶滅し、現在はミンドロ島のみに分布する

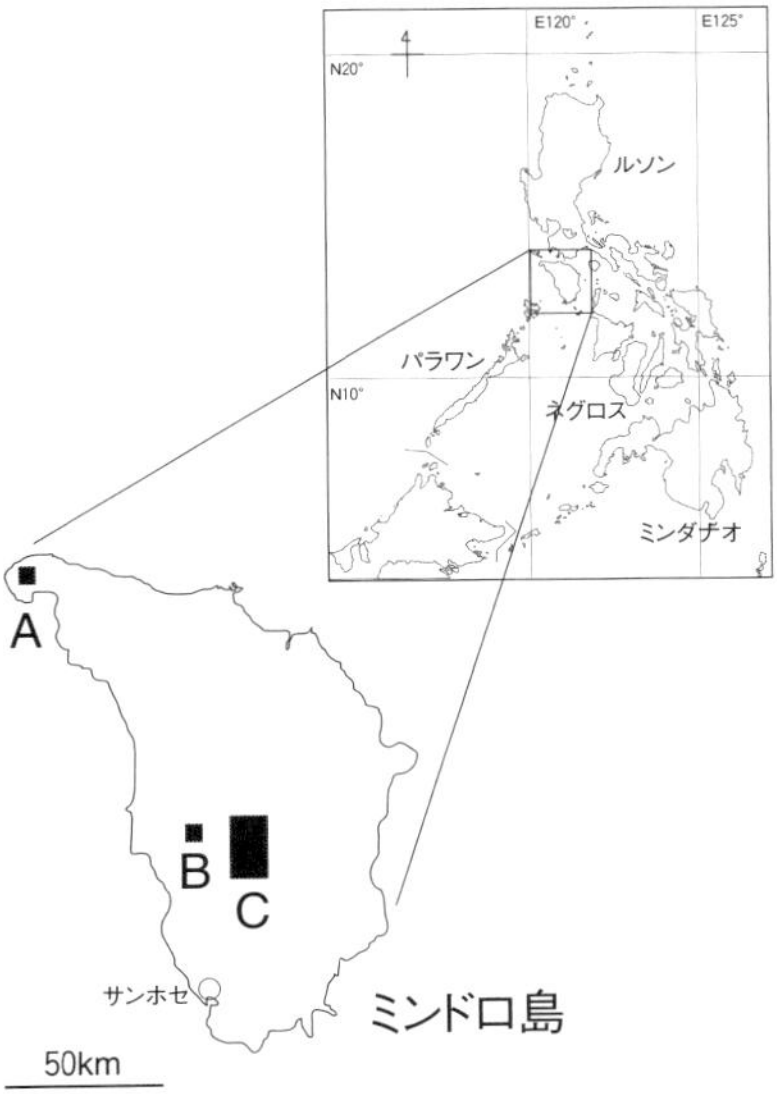

図4・9　ミンドロ島とタマラオの主要生息地
A、カラビテ山：B、アルヤン山：C、イグリット・バコ山国立公園

固有種となっている。そして、ミンドロ島においても主要な生息地は三地域に限られている（図4・9）。

タマラオの外部形態を家畜水牛と比較すると、体が小さい、角がV字型にカーブする（家畜水牛はC字型カーブ）、そして尾が短いといった特徴をもつ（図4・10）。タマラオは、体重二〇〇キログラム前後、オスはメスに比べて体サイズが大きく、角も太い。社会構造については、単独性が強いが、繁殖期には、オス一頭にメス二頭からなるグループを形成することが多い。アフリカの野生水牛が群れで生活するのに対し、タマラオが小さなグループサイズで生活するのは、本来は森林性であるということを示唆している。繁殖期は、オス同士が流血を伴うほど激しく争うという。頭を下げるとV字型の角は前方を向くため、殺傷能力の高い武器となる。

図４・10　野生水牛のタマラオ（上，繁殖用飼育個体メス）と家畜水牛（下）

タマラオの繁殖が可能な個体数（有効集団サイズ）は二五〇頭以下と推定されており、もっとも絶滅の可能性が高い絶滅危惧種（ＣＲ）に指定されている（IUCN, 2009）。ボルネオ島で同じカテゴリーの動物をみると、スマトラサイがそれに相当する。それほど貴重なのであるが、水牛という比較的地味な動物であるためか、残念ながらあまり知られていない。フィリピンでは、タマラオに関するさまざまな逸話があったり、車の名前に採用されたりと、親しまれている動物の一種である。

余談であるが、現地で水牛はカラバオ（Carbao）とよばれる。マレー語やインドネシア語でも、つづりが異なるが水牛をカラバオ（Karbao）とよぶ。フィリピンの公用語は、英語とタガログ語である。タガログ語は、移住してきたマレー人によって作られた言語であるため、マレー語との類似点が多く興味深い。

ミンドロ島へ

ミンドロ島は、ルソン島とパラワン島の間に位置し、面積は九七三五平方キロメートル、島中央部に山脈が位置し最高標高は二五八五メートルある。ミンドロ―ルソン島間の海峡の深さは三六〇メートルで、ミンドロ島―パラワン島間（四八五メートル）よりも浅く、氷期に陸橋で結ばれていた時期もあるらしい。行政上、島は東西に二分され、東ミンドロ州と西ミンドロ州に分けられている。ミンドロ島は、主要な穀倉地域であり、低地の平野部には田畑が広がり、水牛を使って耕す光景が普通にみられる（図４・11）。一方、島中央部の山岳地域には、焼畑農耕と狩猟採集で生活する先住民マンヤンが居住している。

図4・11　水牛を使って畑を耕す

二〇〇七年、筑波大学の金井幸雄先生から、タマラオの個体数調査に誘われた。金井先生は、世界的な水牛のスペシャリストである。現場が非常に過酷なため、他のメンバーが参加を辞退してしまったという。私が熱帯雨林のフィールドで調査を続けていることを学部恩師の渡邉誠喜先生から聞き、声をかけていただいたようだ。私は、それまでフィリピンへ行ったことがなかったので、その森やそこに生息する野生動物も観てみたいと思い、喜んで参加させてもらった。話によると、タマラオには必ず会えるが、距離があるため肉眼ではゴマ粒のようにしか見えず、確実に採れるのは糞ぐらいだという。どのような環境なのかあまりイメージできなかったが、とりあえず、ボルネオの熱帯雨林では大活躍したセンサーカメラを持参することにした。また、糞が採れるということなので、それを集めてDNA解析に利用することを提案した。糞の表面には腸の内壁からはがれた細胞が付着しているため、綿棒で糞表面を軽くこすれば細胞を採ることができる。糞のＤＮＡ解析は、フィリピン大学と協力して筑波大学大学院修士課程の石原慎矢さんが取り組むことになった。ルソン島からミンドロ島へは、マニラから飛行機で島南部のサンホセへ行くルート、マニラからバスでバタンガスという港町へ行き、そこからフェリーで島北部のアブラ・デ・イログ港へ行くルートなどがある。

私たちは、マニラから小型飛行機でミンドロ島のサンホセ空港へ向かった。サンホセに向う途中、まず驚いたのは、山は裸地や草地ばかりで、森が見あたらないことだった。この島に森林性のタマラオが生息しているというのが、にわかには信じがたい状況である。タマラオは、一体どこにいるのだろうか。

イグリット・バコ山国立公園へ

一世紀前までのミンドロ島はマラリアが多く、人々の侵入を阻んでいたが、抗マラリア薬ができたことにより、ミンドロ島へ人々が押し寄せた。狩猟、森林伐採、そして焼畑農耕によって、ミンドロ島は急激にさま変わりした。そのため、以前はミンドロ島に広く分布していたタマラオは、現在、主要生息地として三ヶ所が知られるだけとなってしまった。それは、全生息頭数の九〇パーセント以上が生息するイグリット・バコ山国立公園、アルヤン山、そしてカラビテ山である（図４・９）。イグリット・バコ山国立公園は、総面積七万五四四五ヘクタール、公園内には一万六千ヘクタールのタマラオ保護区が設置されている。標高は六〇〇～一千メートルの範囲で、過去にはフタバガキ林が広がっていたようだが、今では見るかげもない。タマラオ保護区では、二〇〇〇年からフィリピン政府やＮＧＯなどが協力して、定期的な個

図４・12　ジプニー

体数調査が行われている。今回私が二週間の日程で参加したのは、その定期調査で、フィリピン政府、フィリピン大学、アラスカ大学、国内外のＮＧＯ、ＩＵＣＮ、筑波大学などが参加した。

調査隊は、ミンドロ島南部のサンホセからジプニー（図４・12）とよばれる車で、目的地イグリット・バコ山国立公園を目指した。ジプニーの後部席は、左右に二列シートがあり、電車のような感じで座るのだが、道が悪いため揺れがひどく、天井を押さえながら座る。さらに前方車や対向車が砂埃を巻き上げるため、窓ガラスのない車内はあっという間に砂埃まみれなった。町をでてしばらくすると、日本の田舎に似た長閑な田園風景が広がる。二時間ほどで国立公園入り口の村に到着した。

タマラオの生息地へ

夕方、公園の入り口から徒歩で六時間ほどかけて、タマラオ保護区のベースキャンプへと向かった。なぜ夕方からかというと、日中はひどく暑いため、涼しい時間帯を選んでいるのである。歩き始めて間もなく小さな集落があり、子どもたちが私達を珍しそうに遠目に見ている光景が印象的だった。途中森とよべる場所はほとんどなく、国立公園であるはずなのに焼畑農耕地が散在しているか、あるいは荒れた二次林だった。場所によってはまだ燃えている最中で、熱気を感じながら起伏のある山道を黙々と歩いた。タマラオ保護区のベースキャンプに到着したのは真夜中だった。星がとてもきれいだったが、遠くに火の手が見えた。聞けば焼畑の炎だという。熱帯雨林の夜なら虫やカエルたちの声で満ちているが、ここは静寂に包まれていた。過去には熱帯雨林が広がり動植物のにぎやかな世界があったとは、想像しがたい状況であった。

翌朝、一八のグループに分かれて、各自の観察ポイントへと向かった。われわれが滞在したのは、ロイホとよばれる場所で、標高一千メートルほどの見晴らしのいい尾根上に、竹とチガヤでできた小屋が張りつくように建っていた（図4・13）。小屋からの眺めは、見渡すかぎり草原で、荒れた林が所々に残っている程度だった。小屋に着くまでの間、タマラオと思われる古い糞や足跡をいくつか見つけたので、周辺に生息しているようだが、この広大な草原のどこにいるのか見当がつかなかった。いったいどこにいるのだろうか。

図４・13　イグリット・バコ山国立公園　ロイホキャンプ（上）とキャンプからの眺め（下）

その日の夕方から、タマラオ探しが始まった。各自が小屋周辺の観察しやすい場所へ移動し、そこから下方の草原に現れるタマラオをひたすら探した。日本でもボルネオ島でも、野生動物を観察する時は、めだたないように物陰に隠れながら観察することが多いが、ここでは、岩の上などのあきらかにめだつ場所からの観察である。そうしていると間もなく、

「タマラオ!」

まずスタッフが見つけた。黒いゴマ粒のようにしか見えないが、確かに動くものが見える。双眼鏡でようやくタマラオであることが確認できる。どうやら、丈の高い草本植生によってめだたなかったが、山腹斜面には複数の沢が走っており、タマラオはその隠れた沢から出てくるようだ(図4・13)。直接観察は、朝五時から七時までの二時間、および夕方一六時から一八時までの二時間行い、タマラオの確認時刻、方角、個体の特徴(雌雄、成獣・コドモなど)や行動(休息、移動、採食など)を記録した。データは、下山後に他の観察地点のものと見比べながら重複カウントを削除して個体数を推定する。

日中は各自の調査を行った。日陰のない斜面を登っては下りを繰り返していると、尾根の向こうから突然焼畑の煙がたちあがる。またある時は、スコールから逃れるため、大きな岩の陰で休んだのだが、スタッフによると、そこは先住民が遺体を安置する場所だという。ここは政府が指定した国立公園内のタマラオ保護区ではあるものの、先住民にとっては生活空間の一部であることを実感した。

タマラオは、昼間は草原で隠れた沢の中にいて、夕方から採食のために沢の外へと出てくるという。そこで私とスタッフは、タマラオの潜む沢周辺の人の背丈よりも高いチガヤが茂るケモノ道を歩きながら、

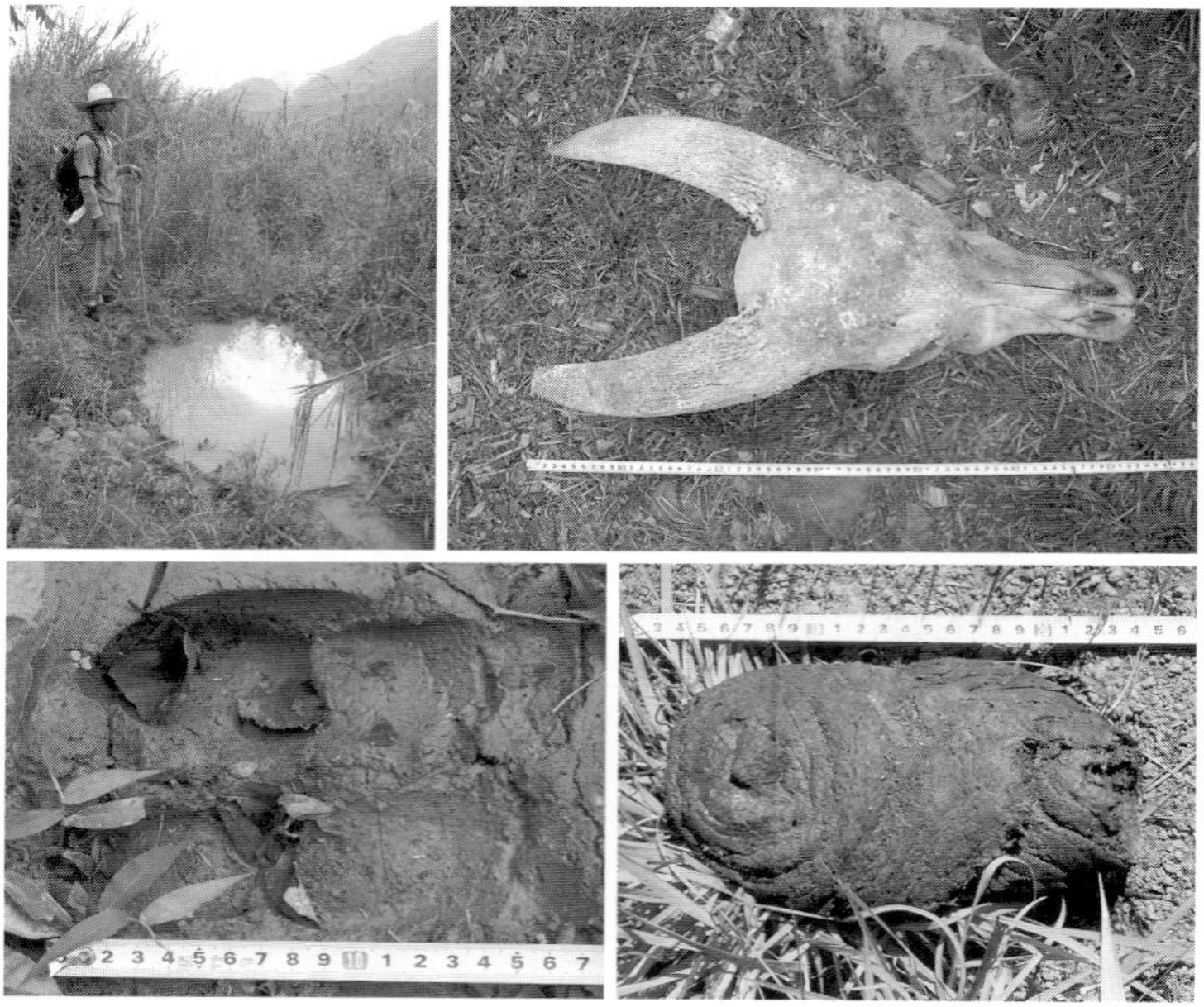

図4・14　タマラオの痕跡　ヌタ場（左上）、頭骨（右上）、足跡（左下）、糞（右下）

痕跡探しとセンサーカメラの設置を行った。そこは、ヌタ場、糞、足跡など予想以上にタマラオの痕跡が多く見られる場所だった。さらに、頭骨までもが見つかった（図4・14）。そして、沢の中には、朽ちた槍ワナもあった。このあたりにはフィリピンイボイノシシ（EN）やフィリピンジカ（VU）もいるということで、それらを対象としたものだと言うが、混獲される可能性は十分あるだろう。しばらく沢の周辺を歩き回っていると、バタバタと大物が走り去る音がした。

「タマラオ！」

スタッフと顔を見合わせ、沢が見渡せる場所まですばやく移動してあたりのようすをうかがった。すると幸運なことに、目の前の沢からタマラオの一グループが出てき

図4・15　タマラオの家族（1頭の成熟オス、2頭の成熟メス、2頭のコドモ）

たのである。はじめて間近で観るタマラオに体が震える。これはチャンスとばかりにシャッターを切り続けた。そして、立派な角をもった大きなオス一頭にメスが二頭、そしてコドモが二頭、そろって鼻をあげ、耳をこちらに向けながら、皆で私たちのようすをうかがう姿を撮影することができた（図4・15）。荒涼とした土地で、このような大型種が生きていることに畏敬の念さえも覚えた。

水牛は、野生や家畜を問わず水浴びをすることで暑い気候でも体温を下げることができ、粗食にも耐える。事実、東南アジアにおいて家畜のウシはやせ細っているけれども、家畜水牛は丸々としている。本来、タマラオは森林性の動物だが、森林が消失してしまった現在、水場のある沢を生活の場として利用し、草本植生を食物資源として生き長らえてきたようだ。

二〇〇七年のタマラオ保護区で推定された個体

数は、二三九頭だった。これまでの結果と比べても大きな変化は認められなかった。タマラオのオスは、強いナワバリを有する。観察地点からも複数頭のオスが確認されているが、ナワバリをもてない溢れた個体はいったいどこへ行くのだろうか。今後この地域のタマラオの保全活動を推進するうえで、行動圏ならびに環境利用情報は不可欠だろう。皮肉にもこの地域は、樹冠という障害物がないため、衛星を使った行動追跡が可能である。ヌタ場利用など特定環境の利用状況を詳しく調べると同時に、広域でどのような動きをしているのかを把握することも重要である。そして、そのような情報を元にして現在のタマラオ保護区を再検討する必要があるだろう。

ところで、センサーカメラの結果はといえば、調査地はどこも遮蔽物がなく、日中は灼熱地獄のような環境であったため、周囲の高い熱によってセンサーが勝手に反応してしまい、すべて失敗に終わった。そのような環境下では、センサーの感度を落とす必要があったのである。センサーカメラの成果はゼロだったが、典型的なタマラオのグループ構成を示す写真が撮れたことが一番の収穫となった。

第二のタマラオの生息地〝アルヤン山〟へ

二〇〇八年二月、私は再びミンドロ島へと向かった。昨年のイグリット・バコ山国立公園の西側に位置するタマラオの生息地、アルヤン山の現状を調査するためである。アルヤンは、タマラオの主要生息地三ヶ所の一つであるが、先住民マンヤンがもっとも多く居住しているといわれ、狩猟をはじめとしてタマラオへの影響が懸念されていた。そこでアルヤン地域の人とタマラオのあつれきの現状を把握することを目的とした調査を行ったのである。

調査期間は二週間、今回日本からの参加は私だけで、フィリピン大学にあるフィリピン水牛センターのレイさんがマニラ空港まで迎えにきてくれた。大学内の宿舎に一泊し、翌日レイさんとバスでバタンガスという港町まで移動し、そこからフェリーでミンドロ島へと渡った。ミンドロ島北部の港アブラ・デ・イログでは、タマラオ保全プログラム（ＴＣＰ）のメンバー六名が加わった。モンブラオ、そしてサブラヤンを経てアルヤン山の最寄りの集落パルボン村まで行き、村長さんの家に一泊した。村長さんの家は木造で、壁は編んだ竹でできており、庭や土間はきれいに掃かれていた。ニワトリ、イヌ、ヤギ、ブタ、水牛などが飼われていて、ニワトリは、イヌを追い払うほど威勢があり、よく飛び、夜は高い木の枝にとまって寝ていた。また、離れの竹で編んだトイレの排水溝は、子ブタ小屋に続いている。まさに人と家畜が同居していた。

翌日、パルボン村から徒歩でアルヤン山に入った。村からアルヤン山の入り口までは、一時間半ぐらいだという。大きな荷物類は、村長さんが所有する水牛に引いてもらう。途中、村の子どもたちが遊ぶようすや水牛を使って畑を耕す長閑な光景を見ながら山へと向かった。

アルヤン山のタマラオ

アルヤン山と川を挟んだ手前にベースキャンプを設置して調査は始まった。アルヤン山の沢と尾根を中心に歩き回りながら、確認された先住民集落やタマラオの痕跡があった場所の位置情報を地図上に記録する一方で、タマラオの痕跡があるケモノ道にセンサーカメラを設置した。イグリット・バコ山は、草地のため直射日光が強烈だったのに対して、アルヤン山は、二次林で竹が生い茂り、やたらとヒルが多いという特徴があった（図4・16）。また、アルヤン山は石灰岩地質で、沢にはサンゴや貝の化石が普通に見られたのも興味深かった。

私たちは、沢を歩きながらケモノ道を探し、入口を見つけてはそこへ分け入り、足跡、食痕、ヌタ浴びなどの痕跡を探した。沢から少し入ったケモノ道の林床植物の葉にヌタ浴び後の泥のしぶきが多数確認され、そこをたどって行くと大きなタマラオの足跡が残されていた。さらに、先住民が所有する畑に隣接した沢でも、グループと思われるサイズの異なる足跡が複数確認された。一方、センサーカメラには、成熟オスが一頭撮影されていた（図4・17）。

今回の調査から、複数個体の生息を確認することができたものの、その現状が厳しいことはあきらかだった。何より驚いたのは、タマラオの生息地と先住民の居住区が完全に重複しているということである。実際、私たちは、毎日森で先住民と出会った。先住民は衣類をほとんど身につけておらず、素足でひょいひょい森の中を歩いていた。「彼らは、タマラオとどのような関係にあるのだろう。」私は、先住民とその暮らしぶりにもひかれていった。

図4・16　アルヤン山の沢

図4・17　アルヤン山のタマラオ　成獣の単独オス

コラム　フィールドでの生活

アルヤン滞在時、朝は皆で近くの川へと向かい、トイレや水浴びをすることから一日がはじまる。もちろんトイレは下流、水浴びは上流で行う。「大」をした後は、互いに「サクセス?」と尋ね合い、快便を喜びあうのが日課だった。ちなみに紙は使わず水洗いする。飲料水は、当初ミネラルウォーターを持参したがすぐに消費してしまい、結局、ベースキャンプ近くで見つけた湧水をそのまま利用するようになった。食事は、森に入らないTCPのスタッフが作ってくれ、米を主食に、おかずは、朝は目玉焼き、昼は炒めた干し魚、夜は干し肉、時にはその辺で捕まえてきたエビやカエルなども食べた。野菜はトマトとタマネギ、デザートは竹串にバナナを刺して焼いた「焼きバナナ」だった。腹が減っているので何でも美味く感じた。また、夕食後には「マタドール」という名のフィリピン産ブランデーを飲み語り合ったが、一本空けるのに時間はかからなかった。就寝前の適量のアルコールは心地よい眠りへと誘ってくれる。アルコールが入るとお互いの距離がぐっと近づき絆が深まる。これはどこのフィールドへ行っても同じで、現地の人たちと親しくなるうえで欠かせない儀式の一つと言えるだろう。なにより、良いフィールド調査をするためには「快食・快眠・快便」は基本である。

ミンドロ島の先住民〝マンヤン〟

マンヤンは、ミンドロ島の山岳地域に居住する先住民の総称で、七つの部族に分けられるという。イグリット・バコ山公園周辺の村に居住するマンヤンは、比較的近代化の影響をうけており、町にいる人と変わらぬ姿をした人々が多かったものの、フンドシ姿の人々がちらほらと混じっていた。彼らは、ポーターとしてあるいは料理人として、調査をサポートしてくれた。細身だけれども力持ちで、大きな荷物を紐で結え、その紐を額に引っかけながら後ろ手に背負うことで荷物を運んでいた。とても控え目で決して前にでることはなかった。そんな彼らだが、飯時に驚いたことがあった。一升飯といえるほど大量のご飯を食べるのである。日本でも以前、肉を食べなくても、ある程度の野菜と大量の米を食べることで、最低限のアミノ酸を摂取していたというが、まさにそんな感じであった。

イグリット・バコ山のマンヤンは比較的近代化されていたのに対して、アルヤン山のマンヤンは大きく違っていた。男性は布フンドシ、一方女性は、下半身は樹皮製のフンドシで上半身は胸部に巻いたヒモに布を下げるというものだった（図4・18）。その多くは、外部の人を避けており、子どもたちは、私たちを見るとすぐさま走り去るか、物陰からようすをうかがっていた。また、私たちの滞在中は、彼らが統括者に年貢を納める時期であったため、ショウガの入った大きな袋を担いで山を下りる姿をたびたび目にした。TCPのスタッフは、マンヤンの存在に気づくと、語尾を伸ばす歌を歌いながら近づき相手に自分の存在を知らせていた。

図４・18　先住民マンヤン　女性が背負っている葉は傘として使用（上）男性が持っている弓矢はトカゲなどの小動物を捕獲するのに使用（下）

図4・19　先住民マンヤンの住居

マンヤンの村は、五〜六家族が一つの単位となって村を形成しており、私たちが調査に入った地域には、少なくとも四つの村があった。村内には、チガヤを束ねて作られた高床式の家屋（図4・19）が点在している。彼らは焼畑農耕を行っており、年間二ヘクタールほどの土地で、バナナ、キャッサバ、サツマイモ、ジャガイモ、陸稲、タバコなどを栽培している。焼畑の周期は、五〜六年で行われているという。焼畑は、雨の少ない乾季に行われ、雨季はワナや弓矢を用いた狩猟が増えるようだ。森の中で、セキショクヤケイをつれた男性グループにしばしば遭遇した。捕獲はハネワナにより行われ、実際森の中で何度かワナを目撃した。それは小動物のケモノ道に仕掛けてあり、動物がヒモの輪を通り抜けながら引っ張ると、トリガーがはずれて枝を利用したバネがはねることでヒモが締まる仕組みである。捕獲した野鶏は町で売られ、得られた現金で塩などを購入するらしい。また、マンヤンの村で出会った若者は弓矢を持っていた（図4・18）。トカゲ類の捕獲に使われる弓矢は、竹とロタンからできており、矢の先は尖っておらずむしろ面積が広い先太であり、あたった衝撃で獲物を射止めるという。彼らは、ハネワナや槍ワナを使って狩りをするが、その対象種は、カニクイザル、ジャコウネコ類、フィリピンイボイノシシ、そしてフィリピンジカなどである。タマラオは、基本的には対象外のようだ。ただし、混獲は避けられないだろう。村人の話によれば、混獲されたタマラオによって腕の骨を折る大けがをした者もいるという。大型で気性が激しいタマラオの捕獲は、法的に罰せられるというだけでなく、銃を持たないマンヤンにとって高いリスクが伴うのである。

人とタマラオのあつれき

人とタマラオのあつれきとしては、マンヤンとタマラオの場合と、外部者とタマラオの場合の二つに分けられる。マンヤンについては、狭い範囲にマンヤンの居住区とタマラオの生息地が重複しており、マンヤンが行う焼畑農耕によりタマラオの生息地が減少していることはあきらかだった。しかし、マンヤンが直接行う狩猟については、先にも述べたように伝統的な狩猟およびリスクの高さから、それほど強い影響はないと考えられた。問題は外部からの密猟者である。ブラックマーケットにおいて、タマラオ肉一キログラムあたりの価格は、水牛肉の二・五倍高いという。そのため、外部者は銃を使い、タマラオの捕獲を目的に入ってくることが多いらしい。このような状況の中、アルヤンにおけるタマラオの保全はきわめて難しいと言わざるをえない。また、過去に繁殖プロジェクトがたちあがり、数多くのタマラオがこの地で捕獲され、地元に設立された繁殖センターに移送されたが、現在では母子の二頭を残すのみとなっている。タマラオの域外保全もまた難しいのである。このようなことを考えると、アルヤンのタマラオについてはモニタリングを継続し、状況によってはトランスロケーションの検討も必要だろう。そのためにも、先に紹介したイグリット・バコ山国立公園でのタマラオの生態・行動調査を行って、その情報を域内保全に反映させることが将来につながると考えられる（Matsubayashi *et al.*, in press）。

フィリピンの野生動物をとりまく環境は、マレーシアとは大きく異なっていた。大部分の森は消失し、国立公園内では焼畑があたりまえのように行われていた。また、アルヤン滞在中、フィリピン政府がミンドロ島の山岳地域に潜んでいるゲリラ狩りを開始したため、パスポートを持って森に入るような状況だった（軍隊に会った際に自分がゲリラではないことを証明するため）。このような混沌とした現実を間近に見ると、近い将来、アルヤンの森に生息している動物だけでなく、生息地そのものが消失してしまうのではないかと思うほどの問題の深刻さを実感した。そして、そのような現状をありのままに記載し報告することは研究者の大切な役割の一つであると改めて感じた。

ここまでは、フィリピン・ミンドロ島におけるタマラオの生息地とその保全の現状、そしてその問題の難しさについて紹介した。次は、インドネシアの森ならびに現在もっとも絶滅の危機に瀕している大型哺乳類の一つ、ジャワサイの現状について紹介したい。

インドネシアの〝ジャワサイ〟の現状

インドネシアは、一万七千を超える島々からなる国である。インドネシア諸島は赤道に沿って東西五一〇〇キロメートルにもおよび、東にはニューギニア島、西にはスマトラ島が位置している。海岸線のマングローブ林から標高三千メートルを超える雲霧林までの多様な環境を有し、そこにはさまざまな生物が生息している。一九九〇―二〇〇五年までの一五年間における森林面積は二四パーセント減少した。二〇〇〇―二〇〇五年の平均年間森林減少率はマイナス二パーセントに達し、東南アジアの中では、フィリピンについで高い数値を示している。二〇〇五年、インドネシアの森林率は、土地面積の四九パーセントを占めているという(State of the world's forest, 2009)。

インドネシア地域は、世界中でもっとも哺乳類の種類が多く、五一五種が記載されており、その内の約二〇〇種は固有種である(Whitten and Whitten, 1996)。これはこの地域の動物相が、二つの生物地理区から構成されていることが大きな要因となっている。生物地理区とは、海洋、山脈、砂漠などの自然環境が障壁となって動物の生息域が隔離され、その結果生じた動物相の相違を地理区分したものである。これは、シュレーター(一八五八)が鳥類相の相違から地理区分を行い、その後、博物学者ウォレスが鳥類以外にも拡げ、『動物の地理的分布』(一八七六)を記したことにはじまる。現在では当然のこととして扱われているが、その当時、大スケールで地形が動物の種形成に影響していることに気づき体系化するという偉業は、並外れた好奇心と鋭い観察力をもつウォレスだからできたといえよう。ウォレスは、正規の教育を

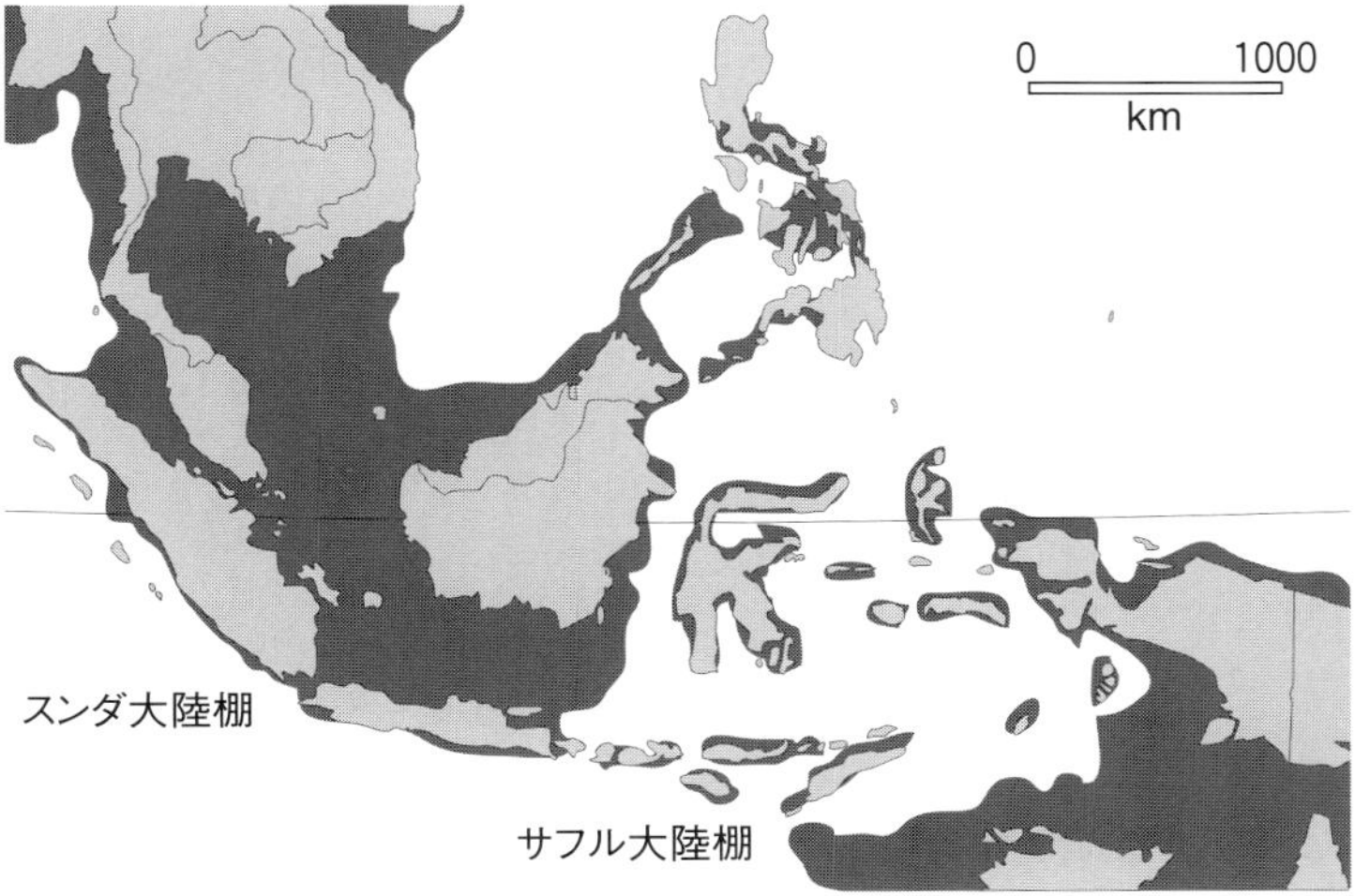

図4・20　スンダ大陸棚とサフル大陸棚

一四歳までしか受けていないが、独学で博物学を学んだ。そして、南米アマゾンやインドネシアに一〇年以上滞在し、博物採集で生計をたてながら、たくさんの論文を書いている。その中には自然選択説に関するものもあり、一八五八年に同じ学説をあたためていたダーウィンと共同発表もしている。

スマトラ島、ジャワ島、ボルネオ島周辺にはスンダ大陸棚が存在する（図4・20）。大陸棚とは、海岸線から水深二〇〇メートル前後の浅い海底部をさす。氷期の海水面が現在よりもずっと低かった頃、このスンダ大陸棚が出現した。それを伝って大陸部からさまざまな動物が渡ってきた。一方、東側のニューギニア島周辺には、サフル大陸棚が存在し、氷期はオーストラリアと陸続きだった（図4・20）。そのため、インドネシア諸島には、東洋区の動物（有胎盤類）に加え、オーストラリア区の動物いわゆる単孔類（ミユビハリモグラなど）と有袋類（クスクスやキノボリカンガル

図4・21　ニューギニア島周辺に生息する単孔類と有袋類
有袋類のキノボリカンガルー（右上）とクスクス（左上）単孔類のミユビハリモグラ（下）

ーなど）が生息している（図4・21）。

ウォレスは、バリ島とその東に位置するロンボク島、さらにカリマンタン島とスラウェシ島では動物相が大きく異なることを見出し、現在その境界は「ウォレス線」とよばれている。その中でも興味深い島の一つはスラウェシ島で、ユーラシア側とオーストラリア側の島が衝突して形成された島と考えられており、有胎盤類と有袋類の両方が生息している。

インドネシアは、さまざまな野生動物が生息している地域である。その一方で、絶滅した種も多い。首都ジャカルタが位置するジャワ島は、北海道と九州をあわせたくらいの面積（世界第一一位）であるが、現在そこには一億もの人々が住んでいる。スマトラ島、ジャワ島、ボルネオ島の中で、スマトラ島とジャワ島は弧状火山の一部であり火山性土壌に広く覆われ、ボルネオ島に比べて肥沃な土地である。そのような土壌の肥沃度は、農業開発に適した土地面積の割合に反映され、ジャワ島がもっとも高く、ついでスマトラ島、ボルネオ島の順だという。それは、人口の増加にもつながり、ジャワ島は、開発と狩猟によって歴史的にもっとも多くの動物が消失した地域の一つであるとも言われている。その中には、オランウータン、フクロテナガザル、トラ、マレーバク、そしてゾウなどが含まれる。

コラム　インドネシアの有袋類と単孔類

哺乳類は、大きく三つのグループに分類される。一つは、胎盤を介して栄養を与え、大きくしてから出産する有胎盤類（真獣類）とよばれるグループで、全体の九割以上（九三・八パーセント）を占めている。人をはじめ多くの哺乳類がこれにあたる。二つ目が、非常に未熟な状態で出産し、腹部の袋で子育てをする有袋類（後獣類）とよばれるグループで、全体の六・一パーセントを占めている。これはコアラやカンガルーなどが相当する。そして最後が、卵を産みながら（卵生）、乳で子を育て、排泄口と生殖口が同じ（総排出腔）単孔類（原獣類）とよばれるグループで、全体の〇・一パーセントを占めている。これは現在オーストラリア東部とタスマニアに分布するカモノハシが有名である。有胎盤類はオーストラリア大陸以外、有袋類や単孔類はおもにオーストラリア大陸に分布している（移入種をのぞく）。

インドネシアには、アジア大陸とオーストラリア大陸、二大陸由来の動物が分布し、これら三つのグループすべてが生息している。その中で有袋類や単孔類は、スラウェシ島やニューギニア島を中心に分布している。インドネシアの有袋類としては、キノボリカンガルー（Tree Kangaroo）の仲間やクスクス（Cuscus）とポッサム（Possum）の仲間が知られている（図４・21）。前者はカンガルー科キノボリカンガルー属一四種（内一一種が絶滅危惧種）、後者はクスクス科六属二六種（内一〇種が絶滅危惧種）に分類され、両者の一部はオーストラリア大陸にも分布している。これらは樹上性で、夜間、おもに果実や木の葉などを採食しているという。またインドネシアの単孔類としては、ミユビハリモグラ（Long-beaked Echidna）が知られている（図４・21）。ミユビハリモグラの仲間は、ハリモグラ科ミユビハリモグラ属三種に分類され、すべてが絶滅危惧種に指定されている。生息地での生態はよく分かっていないが、地上性で夜間、おもに土壌動物を採食しているようだ。有袋類と単孔類は、有胎盤類の繁栄の陰で衰退の道をたどってきたが、現在は狩猟や生息地の消失などでより拍車がかかっている。

ジャワサイ (*Javan Rhinoceros, Rhinoceros sondaicus*)

現生するサイ科四属五種（シロサイ、クロサイ、インドサイ、ジャワサイ、スマトラサイ）の内、シロサイ以外は絶滅危惧種に指定されている。その中でもっとも個体数が少ないのがジャワサイである。過去には東南アジアに広く分布していたようだが、一九世紀中ごろから急激に姿を消し、ミャンマーでは一九二〇年、半島マレーシアでは一九三二年、インドネシアのスマトラ島では一九五九年が最後の記録となった。IUCNのレッドリストにおいて、ジャワサイは、絶滅の恐れがもっとも高いCRに、CITESでは附属書のIに分類されている。現在は、インドネシアのジャワ島とベトナムの一部の遠く孤立した二ヶ所に分布しているだけである。成熟個体は全体でも五〇頭以下と推定され、大部分はジャワ島のウジュン・クロン国立公園のものだ。

ジャワサイは、一角で、体表にはヒダがあるため鎧をまとったようにも見える（図4・22）。体サイズは、肩高一・五メートルほどで体重は二トンにもおよぶという。ウジュン・クロン国立公園では、WWF

Indonesiaがセンサーカメラによる調査を行っており、生息個体や幼獣の有無から繁殖状況などを把握している。

ジャワサイの棲む森はどんな所なのか、自分の目で確かめてみたいと思い、学生の頃に訪れたことがある。

ジャワサイの生息地へ

ウジュン・クロン国立公園は、総面積一二万五五一ヘクタール、ウジュン・クロン半島とパナイタン島周辺から構成されている（三頁はじめにの図）。哺乳類相は豊富で、霊長類はジャワテナガザルやシルバーリーフモンキー、食肉類はヒョウやドール（アカオオカミ）、有蹄類はジャワサイ、バンテンなどをはじめとする希少種が生息しており、一九九一年には世界遺産に登録されている。

ジャワ島西部の町ボゴールからバスで島西海岸の町ラブアンへ行き、公園局で入園手続きをした。この町

図4・22　ジャワサイ

からウジュン・クロン国立公園へのルートは二つある。一つは、外国人観光客用の海路、もう一つは地元の人々が利用する陸路である。直通バスは日に一便しかなく、それを逃した場合は、バイクタクシーを利用するらしい。私が乗ったミニバスは、目的地のはるか手前で町に戻ってしまい、しかたなくバイクタクシーを探した。あどけなさの残る少年バイク集団をみつけ、さっそく運賃交渉。吹っ掛けてきたので話にならないと歩きだすと、後を追いかけてきてあっけなく現地価格になった。二人乗りで山道を四〇分弱走ると、違うバイク集団がいて、そこで乗り換える。ここでも交渉。日本での値引き交渉は珍しいが、東南アジアでは普通である。風圧に涙を流しながら、なんとか日没前に公園近くの宿にチェックインすることができた。客は私だけ。久々の客に喜ぶオーナーに、海で泳ごうと誘われ、「ヨッシャ！」と勢いよく飛び込むと二人でクラゲに刺される始末。ウェルカム・ドリンクならぬウェルカム・サキット（痛い）だと、肌をさすりながらオーナーは笑っていた。

翌日、オーナーに村人のガイドを紹介してもらう。彼は私と同い年だった。公園までは、しばらく田んぼが続く。カエルの鳴き声が響きわたり、日本の田園風景のようだが、ヤシの木が見える。公園の入り口には、小さなジャワサイの石像とその下には「ようこそ、ウジュン・クロンへ」と書かれた墓石のような標識がひっそりと建っていた（図4・23）。ガイドは久しぶりに森に入るようで、近道があると言いながらも、入り口を見つけるのにかなり手間どっていた。森に入ると、神聖視されている地域だけに大木が残されている。そんな木々に見惚れながら数時間歩くと水平線が広がるインド洋に出た。砂浜にはバンテンの足跡がまっすぐ海へと続いている。塩を摂取するために海水を飲みに来るという。その後、インド洋を

図4・23　ウジュン・クロン国立公園の位置と公園入り口にある標識

左手に見ながらしばらく歩くと平らな岩肌に大きな錨が突き刺さっているのを見つけた。太平洋戦争当時のものだという。その錨に近づくと、霊に憑かれるから触ってはいけないと真顔で注意された。マレー半島、ボルネオ島、ミンドロ島、そしてジャワ島など東南アジアには、いたるところに戦時中の傷跡が残っている。現地のお年寄りたちは、当時のことを今でも鮮明に覚えており、過去の悲惨な出来事を何度かうかがったことがあるが、その度に返す言葉が見つからない。海外の人々と関わる際には、その国の歴史や日本との関係をあらかじめ知っておくことも大事であろう。

その日は、海辺近くの崩れかけた小屋に泊まることになった。小屋の壁には、古いバンテンの頭骨が掛けてあった。ご飯と缶詰で腹を満たし、夜はガイドと二人で浜辺を散策した。うずくまって休息するジャワマメジカが遠くに見えた。途中雨

図4・24　ジャワサイの足跡

が降りだしたので小屋に戻り、ガイドとお互いの生活をはじめ、いろいろな話をした。ガイドだけでは食べて行けないこと、子どもが四人いるが村には仕事がないため町へ出る必要があることなど、世界遺産に登録される国立公園に隣接する村であっても一地方村とあまり変わらないようすだった。夜半から声が聞こえない程のドシャ降りとなった。

翌朝は違うルートで村へ戻ることにした。一時間ほど歩くと大きな足跡を見つけた。ジャワサイである（図4・24）。昨夜の雨で水が溜まっていたが、比較的新しいものだった。ジャワサイが大きな頭を振りながら、悠々とここを歩いていたのかと想像しただけでワクワクした。個体数からみてもジャワサイの未来は決して明るくないが、せめてジャワサイが棲めるようなこの豊かな森は残って欲しい。そんなことを思いながら、丸一日かけて村に戻った。

この村では、村おこしの一環として、WWFの支援によって木彫りのジャワサイ作りをしていた。サイの体にはバティック調の柄が絵つけされたものもあり、なかなか綺麗だった。野生動物やその生息地を保全するためには、まず地域住民の生活が保障されなければならない。そのようなことを考えると、本当の意味での保全は、社会科学分野などと協力して学際的に取り組む必要があることを身にしみて感じた。

野生動物市場へ

ジャワ島のジャカルタ市内には、「プルムカ・マーケット」という野生動物市場があるという。私が訪れた頃は、マレー半島とスマトラ島に生息する絶滅危惧種（EN）のフクロテナガザル（Siamang, *Symphalangus syndactylus*）が取引され新聞沙汰になっていた。どんな野生動物が売買されているのだろうか。自分の目で確認したいと思い、行ってみることにした。バジャイという三輪バイクタクシーに乗り、市場に到着する。木造の大きな建物があり、その中には小さな店がたくさん入っているという。建物の前には、陳列された動物の入ったケージが陳列されており、近づいて覗き込むと、丸くなって寝ているスローロリスが入っていた。

スローロリスは、ロリス科スローロリス属五種に分類され、東南アジアに広く分布している。五種すべてが絶滅危惧種に指定されており、ジャワ島に生息するジャワスローロリス（Javan Slow Loris, *Nycticebus javanicus*）は、二〇〇八年から絶滅危惧種（EN）として扱われている。樹上に棲む夜行性の原猿類で、おもに昆虫を食べて生活している。モコモコとした短い毛で覆われ、体サイズは手のひらほど、目が大き

図4・25　スローロリス（写真はボルネオスローロリス）と市場で売られる野生動物

いのでメガネザルと間違えそうだが、その名の通り動きが遅い（図4・25）。眠る時は、頭を腹側に入れ丸くなるポーズをとる。とても可愛らしい動物である。現地では、ペットとしてだけでなく、伝統薬としても取引されているという。私が訪れた頃は、生息数の情報も不十分でまだ絶滅危惧種としては未登録だった。店主と話をしながら写真を撮っていると、他の店主もやってきた。他にも色々な野生動物がいるという。

「マメジカは？」

「いる。こっちだ。」

薄暗い建物の中、たくさんの鳥が売られているのを横目に速足で歩く。裏側にまわると竹かごが置いてあった。

「中にいるぞ。金を払えば、写真を撮ってもいい。」

竹かごの中には、ジャワマメジカが数頭入っていた。飲み物代ぐらいを払い、写真を撮る。竹かごから取りだして写真を撮りたかったが、押さえつけると弱るということで断念した。そんなことをしている内に、周囲には人が集まってきた。それ以上いると面倒なことになりそうだったので、足早にその場を去った。町中で堂々と野生動物市場が成立しているのには驚きだった。マレーシアでは比較的取り締まりが厳しいため、このようなあからさまな状況は考えられない。

外国人研究者としてできること

フィリピンやインドネシアの森林とそこに生息する野生動物の現状は、マレーシアに比べてかなり深刻な状況にある。こういった地域こそ、現状をしっかりと記載し、それを現地の研究者とともに外部へ発信して行くことが大切なのではないだろうか。本書でもたびたび紹介したMeijaard博士らはカリマンタンを中心にそのような活動を精力的に実践しているグループの一つである。また、現地の若者は他の研究分野に比べて割に合わない野生動物の生態調査をあまり好まないため、その魅力や意義を説いて関心を高めることも必要である。一方、現場のスタッフには、われわれが何のためにどんなことをしているのか知ってもらうことも大事であろう。

いずれにしても、外国人研究者として現地の人々と関わる際には、自分の研究として終わるのではなく、現地共同研究者と共著の論文を書くことは最低限の礼儀であり、写真資料の提供、セミナーの開催、ブックレットの作成など、小さなことであっても得た成果を現地に還元することが大切だと私は考えている。

フィールドへ出でよ

一九九七年に初めて熱帯アジアを訪れてから今年で一二年目になる。小さいころにあこがれていた「熱帯雨林で野生動物の生態を調査する研究者になる」という夢は叶い、研究を続けるほどに熱帯アジアの魅力にどっぷりと浸っていった。しかし、現地で見えてきたことは、熱帯雨林が野生動物の楽園ではなく、開発と乱獲によって危機的な状況に陥っている悲惨な現実だった。セピロクの野生動物病院には、多くの野生動物が毎日のように運び込まれていた。野生動物の保護現場では、アブラヤシプランテーションの開発の最前線を目のあたりにした。焼き払われた森に取り残されていたオランウータン、開発時に捕獲されプランテーション内で飼育されていたさまざまな野生動物。そういった経験を通して、私の関心は、野生動物の生息地保全に広がり、今に至っている。

熱帯アジアの野生哺乳類の生態情報はいまだに乏しい。注目度が高く研究費が取りやすい一部の種については、かなり多くのことが分かってきているが、それ以外の大部分の種の生態情報は、一〇年前とほとんど変わっていないのが現状である。野生動物の保全を考えるうえで、政策段階以前で重要なことは、㈠どんな動物が・どこに・どのくらいいるのかという「動物相と分布密度の把握」、㈡確認された動物はいつ・どこで・何をしているのかという「活動日周期と環境利用」、そして㈢同種あるいは人を含めた異種とどのような関係にあるのかという「相互関係」を少しでもあきらかにすることだろう。このような記載的な研究は軽視されがちだが、基礎情報の蓄積は保全策の評価や将来の予測資料としても必要である。そして、そのような調査は、保護林だけではなく商業林においても積極的に実施されることが望まれる。なぜなら、多くの野生動物は商業林に分布しているのが現状であり、また商業林を管理する森林局は、管理の上で野生動物に関する情報を求めているケースが少なくないからである。さらに、野生動物とその生息地を保全してゆく上で、その活動や野生動物に対する地域住民の意識の把握といった社会科学的な視点は、生態学的な視点と同じように重要である。熱帯アジアの野生動物とその生息地保全の課題は山積している。これらの問題に取り組む若者が増えることを期待する。机に向かうだけでは問題点はなかなか見えてこない。フィールド調査の基本は、実際に現場を歩きながら考えることである。そうすれば、何が問題で、何が自分にできそうなのかが見えてくるだろう。

フィールド調査の醍醐味

野生動物の生態を対象としたフィールド調査は、過酷な環境下で労力の割に生産性が低く、割に合わないものと思われるかもしれない。しかし、痕跡を含めた動物との遭遇や、これまで分からなかった生態が見えてきた時のワクワク感、自然に抱かれながらの休息時の安堵感、現地の人々との交流時の一体感など、フィールド調査の過程で訪れるそのような至福の時間は、私にとっての原動力となっている。

海外をフィールドにする場合は、本書でもいくつか紹介したように調査以外の問題も多く、一筋縄ではいかないことが多々ある。ただし、そのような環境の中で、現地の人たちと人間関係を構築し、試行錯誤を繰り返しながら臨機応変に調査を進めていくことは、人生の大きな糧となることは間違いない。

また海外調査は、お金がかかるため一人ではできないと思われるかもしれない。確かに、お金がなければアシスタントを雇うこともできず、調査効率も悪いだろう。一方、プロジェクトに参加すれば、調査許可の取得で苦労する必要もなく、金銭面での不安はなくなるが、その分拘束されることも多いかもしれない。学生の頃の私は、金銭面では苦労したが、自分が納得の行くまでフィールド調査に没頭することができた。東南アジアでの調査の場合、生活費は安いので現地に長期滞在して工夫をすればなんとかなるのである。日本では、家賃二万円代のアパートに下宿し、奨学金とアルバイトで渡航費や生活費をまかなうことができた。現地では交渉の末、森林局や野生生物局の宿舎を格安あるいは無償で貸してもらい、アシスタントに頼らなくてもすむような調査を行った。当時とはさまざまな点で状況が異なるとは思うが、基本的には個人プロジェクトは十分可能であろう。

学生の頃は、流行の研究だけでなく、自分がおもしろいと思った「なぜ」にせまる研究テーマに没頭してもらいたい。そうした研究は、学生の頃にしかできないことが多いからだ。他人から与えられた研究テーマで失敗すれば非常に腹立たしい思いをするけれども、自分で見つけたテーマで転ぶ分には諦めもつく。たとえそれが、その時点では直接何かの役に立たなくても、自分で納得がいく研究ができたということが大事である。どんな小さなことでも、新しい発見があれば論文になるし、論文を書ければ自信にもつながっていくだろう。そして何より、そのような基礎研究の蓄積こそが保全を考えるうえで必要とされるのである。

動物雑誌『アニマ』で紹介されていた記事の中に「未知の世界に飛び込み、未知の現象や事実を体験して、新しいものの見方や考え方を獲得するという探検や冒険の楽しみと、科学の楽しみは同じものだ」という一文があった。私はこの一文に今でも強い共感をおぼえる。このような考え方を忘れずに、そして何が現場で必要とされているのかを意識しながら、今後も熱帯アジアの野生動物とその生息地の保全に関わり、この分野に関心をもつ若者をサポートして行きたい。

最後に、私自身の今後について。来年からは、マレーシア・サバ州にあるサバ大学（一九九四年に開学したサバ州初の国立大学）の熱帯生物保全研究所（Institute for Tropical Biology and Conservation, ITBC）の教員として、教育・研究活動に励む予定である。

おすすめの本

Corlett, R. T. (2009) The Ecology of Tropical East Asia. Oxford

※熱帯東アジアの最新情報が幅広く盛り込まれている。英語だが入門書として最適。

井上民二（一九九八）『生命の宝庫・熱帯雨林』ＮＨＫ出版、東京。

落合啓二（一九九二）『カモシカの生活誌』どうぶつ社、東京。

※私にとってのフィールド野生動物学入門だった本。

安間繁樹（二〇〇二）『ボルネオ島 アニマル・ウォチングガイド』文一総合出版、東京。

※ボルネオ島の野生動物に関心のある人におすすめの一冊。

湯本貴和（一九九九）『熱帯雨林』岩波書店、東京。

※熱帯雨林を概観する入門書として最適。

主要な引用文献

Bradshaw, C. J. A., Isagi, Y., Kaneko, S., Bowman, D. M. J. S. and B. W. Brook (2006) Conservation Value of Non-Native Banteng in Northern Australia. *Conservation Biology*, 20 (4): 1306–1311.

Catibog-Sinha, C. and L. R. Heaney (2006) Philippine Biodiversity: Principles and Practice. Quezon City: Haribon Foundation for the Conservation of Nature. 495 pp

CITES (2008) http://www.cites.org/

Earl of Cranbrook, Payne, J. and C. M. U. Leh (2008) Origin of the elephants *Elephas maximus* L. of Borneo. *Sarawak Museum Journal*, 63(84): 1–25.

Emmons, L. H. (2000) Tupai. University of California Press

FAO (2009) http://www.fao.org/

Fredriksson, G. M. (2005) Predation on sun bears by reticulated python in east Kalimantan, Indonesian Borneo. The Raffles Bulletin of Zoology, 53(1): 165–168.

Heaney, L. R. (1986) Biogeography of mammals in Southeast Asia: estimates of rates of colonization, extinction and speciation. *Biological Journal of the Linnean Society*, 28: 127–165.

Heaney, L. R. and J. C. Regalado, Jr. (1998) *Vanishing Treasures of the Philippine Rain Forest*. The Field Museum, Chicago. vii+88 pp

IUCN (2009) http://www.iucnredlist.org/

Lagan, P., Mannan, S. and H. Matsubayashi (2007) Sustainable use of tropical forest by reduced-impact logging in Deramakot Forest Reserve, Sabah, Malaysia. *Ecological Research* 22(3): 414–421.

Matsubayashi, H., Bosi, E. and S. Kohshima (2003) Activity and habitat use of lesser mouse-deer (*Tragulus javanicus*). *Journal of Mammalogy* 84(1): 234–242.

Matsubayashi, H. and J. R. A., Sukor (2005) Activity and habitat use of two sympatric mouse-deer species, *Tragulus javanicus* and *Tragulus napu*, in Sabah, Borneo. *Malayan Nature Journal* 57(2): 235–241.

Matsubayashi, H., Bosi, E. and S. Kohshima (2006) Social system of the lesser mouse-deer (*Tragulus javanicus*). *Mammal Study* 31(2): 111-114.

Matsubayashi, H., Lagan, P., Majalap, N., Tangah, J., Sukor J. R. A. and K. Kitayama (2007a) Importance of natural licks for the mammals in Bornean inland tropical rain forests. *Ecological Research* 22(5): 742-748.

Matsubayashi, H., Lagan, P., Sukor, J. R. A. and K. Kitayama (2007b) Seasonal and daily use of natural licks by sambar deer (*Cervus unicolor*) in a Bornean tropical rain forest. *Tropics* 17(1): 81-86.

Matsubayashi, H., Lagan, P. and J. R. A. Sukor (2007c) Herbal seed dispersal by the banteng (*Bos javanicus*) in a Bornean tropical rain forest. *Malayan Nature Journal*, 59: 297-303.

Matsubayashi, H., Boyles, R. M., Salac, R. L., Del Barrio, A. N., Cruz, L. C., Garcia, R. A., Ishihara, S. and Y. Kanai (in press) Present status of tamaraw (*Bubalus mindorensis*) in Mt. Aruyan, Mindoro, Philippines. Tropics

Medway, L. (1983) The Wild Mammals of Malaya (Peninsular Malaysia) and Singapore. 2nd edition. Oxford University Press, Kuala Lumpur, Malaysia.

Meijaard, E., Sheil, D., Nasi, R., Augeri, D., Rosenbaum, B., Iskandar, D., Setyawati, T., Lammertink, M. J., Rachmatika, I., Wong, A., Soehartono, T., Stanley, S. and T. O'Brien (2005) Life after logging: reconciling wildlife conservation and production forestry in Indonesian Borneo. CIFOR, WCS and UNESCO, Bogor Indonesia.

Meijaard, E., Kitchener, A. C. and C. Smeenk (2006) 'New Bornean carnivore' is most likely a little known flying squirrel. Mammal Review, 36(4): 318-324.

Meijaard, E., Sheil, D., Marshall, A. J. and R. Nasi (2008) Phylogenetic age is positively correlated with sensitivity to timber harvest in Bornean mammals. Biotropica, 40: 76-85.

Meiri, S., Meijaard, E., Wich, S. A., Groves, C. P. and K. M. Helgen (2008) Mammals of Borneo – small size on a large island. Journal of Biogeography, 35: 1087-1094.

Mitchell, A. M. (1994) Ecology of hose's langur, *Presbytis hosei*, in :mixed logged and unlogged Dipterocarp forest of Northeast Borneo. Ph. D. Dissertation, Yale University.

Mohr, E. C. J. (1938) The relation between soil and population density in the Netherlands Indies. Comptes Rendus du Congres

International du Geographie, Amsterdam, Tome Deuxieme, IIIc, 478-493.
Nakashima, Y., Lagan, P. and K. Kitayama (2008) A study of fruit-frugivore interactions in two species of durian (*Durio*, Bombacaceae) in Sabah, Malaysia. Biotropica, 40(2): 255-258.
Payne, J. and C. M. Francis (2005) A Field Guide to the Mammals of Borneo. The Sabah Society. 332 pp
State of the world's forest (2009) http://www.fao.org/docrep/011/i0350e/i0350e00.htm
Voigt, C. C., Capps, K. A., Dechmann, D. K. N., Michener, R. H. and T. H. Kunz (2008) Nutrition or Detoxification: Why Bats Visit Mineral Licks of the Amazonian Rainforest. PLoS ONE 3(4): e2011. doi:10.1371/journal.pone.0002011
Whitten, T. and J. Whitten eds. (1996) Indonesian Heritage Series vol 5: Wildlife. Archipelago press, Singapore. 144 pp.
Wiens, F., Zitzmann, A., Lachance, M-A., Yegles, M., Pragst, F., Wurst, F. M., Holst, D., Guan, S. L., and R. Spanagel (2008) Chronic intake of fermented floral nectar by wild treeshrews. Proceedings of the National Academy of Sciences of the United States of America, 105(30): 10426-10431.
伊谷純一郎ほか（一九八六）「冒険と生物学」『アニマ No. 164』平凡社、東京。
岡本幸江 編集（二〇〇二）『アブラヤシ・プランテーション開発の影―インドネシアとマレーシアで何が起こっているか―』日本インドネシアＮＧＯネットワーク、東京。
吉良竜夫（一九八八）『熱帯林の生態』人文書院、京都。
畑田 彩・市川昌広・中静 透 編集（二〇〇八）『大学講義のためのプレゼン教材 生物多様性の未来に向けて』（発行）総合地球環境学研究所、（販売）昭和堂、京都。
ジョン・マキノン／岩月善之助監訳（一九七七）『未踏の大自然・ボルネオ』タイムライフブックス、東京。
本川雅治・下稲葉さやか・鈴木 聡（二〇〇六）「日本産哺乳類の最近の分類体系：阿部（2005）と Wilson and Reeder（2005）の比較」『哺乳類科学 vol. 46』一八一―一九一頁。
安田雅俊・長田典之・松林尚志・沼田真也（二〇〇八）『熱帯雨林の自然史』東海大学出版会、神奈川。
林野庁 編（二〇〇九）『森林・林業白書』農林統計協会、東京。

謝辞

本書を出版する機会を与えてくださった東海大学出版会の田志口克己さんならびに稲　英史さんに心から感謝いたします。お二人には、打合せと称して飲むたびに叱咤激励していただきました。

また、野生動物のイラストはすべて、お茶の水女子大学の池田威秀さんに描いていただきました。ありがとうございます。

熱帯アジアをフィールドとした野生動物の生態研究は、私一人の力では到底できることではありません。すべては書ききれませんが、お世話になった以下の方々に厚く御礼申し上げます。

安田雅俊、安間繁樹、三浦慎悟、岡　輝樹、奥村栄朗、落合啓二、堀田恭生、下川和夫、野村冬樹、幸島司郎、中静　透、市川昌広、北山兼弘、長谷川　弘、武生雅明、清野達之、中園悦子、若松伸彦、渡邉誠喜、半澤　惠、津田恒之、大橋　力、金井幸雄、長田典之、沼田真也、遠藤秀紀、木村順平、金　京純、佐々木基樹、福田勝洋、阿部守克、角張　聡、松本敏男、そして、東京農業大学の家畜生理学研究室ならびに森林生態学研究室、東京工業大学の幸島研究室ならびに岡田研究室、京都大学の北山研究室それぞれの室員のみなさん、Elizabeth Lagan、Ediwn Bosi、Elis Tambing、Sylvia Alsist、Rufinah Matiu、Gabili Siridon、Jomius Komiji、James Kapis、Jum Rafiah Abd. Sukor、Herman Stawin、David Anthonius、Sam Mannan、Subari Suparlan、Peter Lagan、Anduaus Bagoi、Azny Ahmad、Edward Thomas、Edward

Lapina、Markus Salutan、Rawinder-Ajon、Sah Joo、James Torio、Noreen Majalap、Robert Ong、Hubert Petol、Indra Sunjoto、Salleh Intang、James Torimo、Abdul Hamid、Lee Shan Khee、Elizabeth Liew、Garcia Reynor、Del Barrio Arnel、Cruz Libertado、Boyles Rodel、Lucy 一家、Abdul 一家、Chin 一家、Balat 村、Palbong 村の人々、そして、Rainforest Discovery Centre、Sepilok Orangutan Rehabilitation centre、Tabin Wildlife Reserve、Deramakot Forest Reserve、Malua Forest Reserve Unit Wildlife ならびに Unit Protection、Tamaraw Conservation Program それぞれのスタッフのみなさん（順不同、敬称略）

最後に、私の研究活動を理解し、本書の原稿を何度も読んでは的確な指摘をしてくれた妻裕子、好きなことを自由にさせてくれた両親に改めて感謝し、彼らに本書を捧げます。

二〇〇九年九月二十日　ハリラヤを迎えたボルネオにて

松林尚志

本書で紹介した調査、学生時代のマメジカの生態調査時の渡航・滞在費は自費によった。それ以外の調査は以下の研究費によった。科学研究費補助金基盤研究（B）、「マレイシアにおけるマメジカ類の生理生態学的調査と増殖保存に関する研究」（13575027、代表者、福田勝洋）総合地球環境学研究所プロジェクト2-2「持続的森林利用オプションの評価と将来像」（代表者、市川昌広）、科学研究費補助金基盤研究（B）「絶滅危惧種タマラオの生息数調査と域内保全に関する現地調査」（17405040、代表者、金井幸雄）、環境省地球環境総合推進費（F-071）「炭素貯留と生物多様性保護の経済効果を取り込んだ熱帯生産林の持続的管理に関する研究」（代表者、北山兼弘）、および科学研究費補助金若手研究（B）「大型哺乳動物を考慮した熱帯商業林管理に関する研究」（20710182、代表者、松林尚志）

索引

著者紹介

松林尚志（まつばやし　ひさし）
1972年生まれ
東京工業大学大学院生命理工学研究科　博士（理学）
東京農業大学博士研究員兼非常勤講師，駒澤大学非常勤講師
2008年日本熱帯生態学会吉良賞（奨励賞），日本哺乳類学会奨励賞

イラスト

池田威秀（いけだ　たけひで）
1976年生まれ
東京工業大学大学院生命理工学研究科　博士（理学）
お茶の水女子大学非常勤講師

フィールドの生物学《せいぶつがく》①
熱帯《ねったい》アジア動物《どうぶつ》記《き》—フィールド野《や》生動物学《せいどうぶつがく》入門《にゅうもん》—

2009年11月5日　第1版第1刷発行
著　者　松林尚志
発行者　大塚　保
発行所　東海大学出版会
〒257-0003 神奈川県秦野市南矢名3-10-35
TEL 0463-79-3921　FAX 0463-69-5087
URL http://www.press.tokai.ac.jp/
振替　00100-5-46614
印刷所　港北出版印刷株式会社
製本所　株式会社積信堂

ISBN978-4-486-01840-7